汉竹编著·亲亲乐读系列

儿童长高
补脑营养食谱

蒲敏 / 主编

江苏凤凰科学技术出版社
全国百佳图书出版单位
·南京·

图书在版编目（CIP）数据

儿童长高补脑营养食谱 / 蒲敏主编 .— 南京：江苏凤凰科学技术出版社，2022.01（汉竹·亲亲乐读系列）
ISBN 978-7-5713-2059-1

Ⅰ . ①儿… Ⅱ . ①蒲… Ⅲ . ①儿童 – 保健 – 食谱Ⅳ . ① TS972.162

中国版本图书馆 CIP 数据核字 (2021) 第 141811 号

中国健康生活图书实力品牌

儿童长高补脑营养食谱

主　　　编	蒲　敏	
编　　　著	汉　竹	
责 任 编 辑	刘玉锋　黄翠香	
特 邀 编 辑	李佳昕　张　欢	
责 任 校 对	仲　敏	
责 任 监 制	刘文洋	

出 版 发 行	江苏凤凰科学技术出版社
出版社地址	南京市湖南路 1 号 A 楼，邮编：210009
出版社网址	http：//www.pspress.cn
印　　　刷	合肥精艺印刷有限公司

开　　　本	720 mm×1 000 mm　1/20
印　　　张	8
字　　　数	160 000
版　　　次	2022 年 1 月第 1 版
印　　　次	2022 年 1 月第 1 次印刷

标 准 书 号	ISBN 978-7-5713-2059-1
定　　　价	46.00 元

编辑导读

常言道:"养儿一百岁,长忧九十九。"父母对子女的关心可以说是一辈子的事情。从怀孕伊始担心宝宝能不能健康出生,到出生之后担心孩子能不能健康、快乐地长大,再到孩子成年之后担心能否拥有一个属于自己的幸福小家庭……这些都是父母一直在关注的事情。其中,儿童时期身高发育方面的问题让父母尤为关心,而婴幼儿时期的辅食,学龄前、学龄期以及青春期的饮食是否营养全面、健康,均与他们的身高有着密切的关联,针对这样的阅读需求,本书应运而生。

父母在孩子长高方面存在哪些认知误区?

如何通过合理饮食让孩子达到理想身高?

孩子身高发育的三个关键期,父母如何通过饮食满足其营养需求?

影响孩子长高的日常生活、饮食习惯有哪些?

如何既能让饮食满足孩子生长所需的营养,又能让口感受到孩子的欢迎?

……

书中针对婴幼儿、青春期前(学龄前和学龄期)、青春期孩子的不同营养需求,给出了相应的食谱,以满足他们在饮食方面的需要。宝宝可在 6 个月后添加辅食,如婴儿米粉等;学龄前、学龄期的孩子因处在身高增长较为平缓的阶段,此时可为孩子适当补充富含蛋白质的食物,避免摄入过多脂肪导致肥胖;青春期则是人体生长发育的第 3 个高峰期,男孩与女孩之间开始产生生理方面的差异,父母需要有针对性地为孩子提供所需的营养。

当然,除饮食之外,本书还介绍了其他影响孩子身高的因素,如充足的睡眠可帮助孩子分泌更多的生长激素,适当的运动可让骨骼更加强壮健康……

解读孩子长高密码

母乳很重要

婴儿期是宝宝的第一个长高的关键期，宝宝约可以长高 25 厘米。这一阶段，爸爸妈妈需要重视母乳喂养。母乳中含有天然的免疫球蛋白，可以预防宝宝生病，同时，宝宝也从母乳中获取充足的钙，以满足宝宝长高的需求。

营养要全，睡眠要足

宝宝 1 岁后，可以吃的辅食增多了，爸爸妈妈则更要注意全面、均衡为宝宝补充营养，避免挑食，才有助于宝宝健康长高。好的睡眠能够促进生长激素分泌，1~3 岁宝宝最好能睡 12~14 小时。

婴儿期（0~1 岁）

辅食添加的注意事项

在宝宝能够吃辅食后，可多喂富含维生素、钙、蛋白质的辅食，如蔬菜泥、鱼泥等。但辅食中不要添加盐、糖和其他调味品。

母乳喂养

哺乳期的妈妈应多吃一些含钙高的食物，增加母乳中的含钙量，进而增加宝宝对钙的摄入，同时避免自己缺钙。

混合喂养及纯人工喂养

如果没有母乳喂养的条件，那么家长在选择配方奶时，可选择含铁的配方奶，也可适当添加维生素 D 制剂，促进宝宝的钙吸收。

幼儿期（1~3 岁）

好睡眠不可缺

充足的睡眠，宝宝体内的生长激素分泌才足，可促进宝宝长高。而且，宝宝睡眠好，大脑和身体都得到休息，食欲更好，宝宝能够补充充足营养。

增加辅食种类

幼儿期宝宝可吃的食物变得越来越多，父母可以适当增加食谱的种类与花样，让宝宝爱上吃饭，做到不偏食、不厌食。

运动促长高

这个时期的孩子身体越来越强壮，也正是爱玩爱动的年纪，爸爸妈妈可带宝宝适当参与体育锻炼，这对孩子生长激素的分泌、身高的增长及睡眠的质量的提升均有益处。

长高的最后阶段

青春期是孩子长高的最后阶段，如果错过了，孩子骨骺闭合就很难再长高了，因此，爸爸妈妈必须重视起来，要关注孩子的生长速度。孩子进入青春期后，如果半年长高低于 3 厘米，就要警惕了。

关注青春期孩子的心理

因青春期生理方面的变化，导致这一阶段的孩子心理也随之变化。所以父母在满足孩子饮食方面需求的同时，还需要时刻关注孩子的心理状态，以防出现心因性矮小症。

青春期前 [学龄前、学龄期（3~10岁）]

青春期 （ 10~18 岁 ）

参加户外运动

现在的孩子一般不缺钙，缺的是促进钙吸收的维生素 D。让孩子参加户外运动，充分晒太阳，可有效促进体内合成维生素 D。

调整睡眠时间

3~10 岁孩子正处于上学的年龄，既要保证孩子至少睡足 9 小时，还要让孩子的作息时间调整到与学校一致，避免影响日常学习生活，推荐孩子晚上八点半上床睡。

男女生饮食的异同

进入青春期后，男生、女生会产生生理上的差异，因而他们生长所需的营养也会有所不同。但需要注意的是，无论是男生，还是女生，都不要摄入过量的滋补品或者高脂肪类食品，避免骨骺线提前闭合。

男生需多吃果仁类的食物（核桃、开心果等），但每天摄入果仁类食物不要过量，每天 1 小把坚果即可。

合理的饮食结构

此阶段的儿童每日要保证摄入脂肪、蛋白质和碳水化合物，还应注意每顿饭的量要合适，保证身体长高、大脑发育所需的营养，注意不要让孩子超重，影响长高。

女生需要多吃含有适量脂肪、高蛋白、高维生素，以及适量纤维素的食物，如瘦肉类、蛋类等。

第一章

科学养育，避免长高误区

第二章
吃什么，孩子长高个儿

第三章
营养均衡，不错过孩子长高的每个阶段

第四章
长高不能光靠补钙

睡眠好，为孩子长高加动力.....118
助眠食谱.....118
平菇二米粥•核桃仁爆鸡丁•红枣枸杞牛奶汁...118
牛奶炖花生•莲子糯米粥•香蕉百合银耳汤.....119
桂圆红枣莲子粥•香蕉火龙果牛奶羹.....120
南瓜芝麻牛奶•百合莲子桂花饮.....121
莴笋炒鸡蛋•红小豆百合杏仁粥.....122
小米桂圆粥•桂花糯米糖藕.....123
别让体重压制孩子身高.....124
过胖的危害.....124
适合过胖孩子的食谱.....124
儿童减肥过程中可食用的食材.....124
儿童减肥过程中应少食用的食材.....124
黄瓜拌金针菇•荔枝炒虾仁.....125
虾米白菜•凉拌海带豆腐丝.....126
芹菜香干炒肉丝•凉拌菠菜.....127
杂粮粥•清蒸黄花鱼.....128
炒红薯泥•肉泥洋葱饼.....129
猪肝拌菠菜•小葱拌豆腐.....130
老虎菜•芹菜炒牛肉.....131
体重过轻是孩子长高的“隐患”.....132
过瘦的危害.....132
适合过瘦孩子的食谱.....132

附录 食疗清单

第一章
科学养育，避免长高误区

　　很多家长十分关心孩子的身高问题，但有时难免偏听偏信，受一些错误观念影响，如"孩子爱吃什么就给做什么""生命在于静止"等。这些错误观点与行为很容易导致孩子长不高，只有遵循科学的养育方式，才可能让孩子长到理想的身高。

后天科学养育，是我给你的呵护

父母有时会太过高估或低估遗传的力量，比如一些父母认为自己身材矮小，会遗传给孩子，就自暴自弃，不再关心孩子身高问题。其实多数情况只是心理上的"矮小"。只有那些家族中多名女性身高不超过145厘米的现象，才被称为家族性矮小，才可能存在潜在的遗传影响。大多数家庭并不存在家族性矮小，只要家长合理安排孩子的饮食，为他们提供均衡、全面的营养，让孩子参加适度的运动，那么孩子一般都能够长到理想的身高。

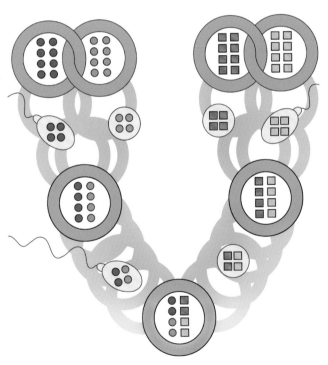

父母不可盲目相信遗传的力量，
让孩子错过长高的好时机。

身高遗传的错误观点

孩子的最终身高的确会受到父母身高的影响，但这个影响并不是绝对的，因此，个高的父母不要盲目乐观；个矮的父母也不需要悲观到放弃希望。只要合理饮食、适度运动，孩子长高是很自然的事情。

父母长得高，孩子一定不会矮

在生活越来越好的今天，人们普遍认为现在的孩子不会缺乏营养，那么比父母长得高也是理所应当了，于是那些身高有优势的父母就会忽视孩子的身高问题。可实际生活中，有很多孩子并没有长到理想身高，甚至一些孩子的最终身高会不如父母。由此可见，父母必须重视孩子的身高问题，不能认为自己的身高达标，孩子的身高也"万事大吉"了。

父母长得矮，孩子不可能会高

许多身材比较矮小的父母因太过相信遗传的力量，就不再关心孩子的身高问题，只是听之任之，不做任何的努力，最终使孩子错过长高的黄金期，造成终身遗憾。父母秉着对孩子未来负责的态度，应充分重视孩子的身高。只有做了该做的事情（全面补充营养，合理适当运动等），才能够让孩子通过后天努力长高，才能让孩子不为身高而烦恼。

哪些是关于儿童身高的正确观念

　　"思想决定行动"，如果没有正确的思想观念指导，那么父母的行为就会出现偏差，使孩子无法获得良好的生长环境，从而影响孩子的身心健康，更不要说长高了。只有在正确观念的引导下，才能够为孩子长高提供一个良好的后天环境，助其长高。那么哪些观念是正确的呢？下面将为读者介绍。

遗传因素只决定孩子最终身高的约70%

　　很多人高估了遗传因素的影响，无论是孩子的性格，还是生活习惯，都习惯性地说是受遗传因素的影响。其实这种观点并不完全正确，遗传的确会对后代造成一定的影响，但影响并不是绝对的。如果父母将所有问题都推给遗传，对后天的环境不在意，这对孩子的身心发育是不利的。

　　当然，身高同样如此，父母的遗传因素并不是100%决定孩子最终身高的。影响孩子身高的因素有很多，遗传因素只占其中的约70%。当父母有了这样的正确观念之后，既不会因自己个高就对孩子长高盲目自信，也不会因自己个矮而自卑放弃孩子长高的希望了。父母应更重视各种后天因素，为孩子长高创造良好的后天环境。

营养、睡眠等后天因素可助孩子长高

　　孩子最终身高的约30%是由后天因素决定的。这些后天因素主要包括营养、睡眠、情绪、运动、疾病预防等。每一项后天因素都是很重要的，其中营养非常关键。

　　父母可以根据实际情况，为孩子制订运动计划，适当增加营养，保证孩子拥有充足的睡眠，这样可以帮助处在生长期的孩子长高。

　　无论是遗传因素，还是后天的各种因素，它们并不能对孩子最终身高起到决定性的作用。父母和孩子只要共同努力，找对方式方法，孩子就一定会有长高的可能。

充足的睡眠可助宝宝分泌足量的生长激素，助其长高。

正确测量，见证孩子长高

由于孩子长期与父母生活在一起，因此，身高的变化不容易被父母察觉，从而出现忽视孩子身高变化的情况。

了解每个年龄段儿童的标准身高，密切关注孩子的身高变化，父母可及时发现孩子偏矮或偏高的问题，并为孩子适当调整食谱，消除隐患。

需注意的是，不需要每天为孩子测量身高，尤其是偏矮的小朋友，这样会让其产生心理压力，可间隔一段时间进行测量，一般间隔2~3个月。

如何正确测量孩子身高

错误的测量身高方式导致的误差可能达到5~10厘米，这会使家长错过干预孩子身高问题的最佳时机，所以掌握正确的测量方法特别重要。为减少测量误差，应做到以下两点：①身高测量应在同一时间段进行，如清晨起床后。②最好用同一种测量工具进行测量。

除此之外，不同年龄段测量身高的方法也是不同的，下面将详细介绍两种适用于不同年龄段的孩子在家测量身高的方法。

0~3岁婴幼儿身长正确测量方法

0~3岁的婴幼儿由于自己无法做到稳稳地站直，因此，需要两位家长共同配合来测量身高。具体方法如下：

随手找两本较厚的书，如字典等（因孩子小、好动不愿配合，所以需要厚些的书）、一把卷尺、笔。

①在室温合适（28℃左右）的情况下，脱掉孩子的鞋、袜、帽子、外衣裤和纸尿裤。②让孩子仰卧在平坦处，如硬板床、大桌面等，并手动让孩子四肢并拢、伸直。③将字典轻柔地紧贴在孩子的头顶与脚跟，固定字典位置后，抱走孩子。④用卷尺测量两本字典之间的垂直距离。按照这种方法反复测量2~3次，当平均误差在0.3~0.5厘米时，说明这个数值基本上是准确的。

3岁以上儿童与青少年身高正确测量方法

3岁以上的孩子可以自己站直了，所以测量会比较简单。具体方法如下：

准备一把卷尺、一块硬纸板、笔。

①脱掉孩子的帽子、外套与鞋袜。②让孩子呈立正姿势，双手自然下垂，脚跟并拢，脚尖向外略张开，脚跟、臀部、两肩胛角全部靠墙面，头部需要保持正直，紧贴墙壁。③大人拿着硬纸板放置在孩子头顶，使其与头顶部正中线最高点接触，画线标记出位置。④用卷尺量出地面与标记线间的垂直距离，即为准确身高。

如何正确计算和判断孩子的生长速度

知道如何判断与计算孩子的生长速度，才能够了解孩子是否处在正常的生长范围之内，才能够"对症下药"。

孩子一年增长的理想身高是多少

通常情况下，3 岁以下婴幼儿的理想生长速度为：一年 7 厘米左右；3 岁到 9 岁儿童的理想生长速度为：一年不低于 5 厘米；进入青春期之后的孩子的理想生长速度为：一年不低于 6 厘米。

需要注意的是，如果孩子半年的生长速度低于 2.5 厘米，一年的生长速度低于 5 厘米，即便目前他的身高是正常的，家长也不能掉以轻心，一定要找出生长速度慢的原因，及时想办法做出调整。如果是营养缺乏，就

小孩子各方面还比较脆弱，所以不可以做过于激烈的运动。

及时补充营养；如果是睡眠不足、质量不好，可改善睡眠环境，让孩子养成早睡早起的好习惯；如果是缺乏运动，可带孩子适当参加篮球、跳绳等运动项目。总之，父母需做到早发现，早采取措施，这样才不会错过孩子的生长期。

如何计算孩子的生长速度

那么该如何计算孩子的生长速度呢？一般会采用以下方法来计算每一年的生长速度。

用孩子后一次的测量身高值减去前一次的测量身高值，之后除以两次测量间隔的月份，得出的数值再乘以 12，即为一年的生长速度。

例如：14 周岁女孩子三月份的身高是 155 厘米，十月份是 159 厘米，她一年的大致生长速度是多少？

$(159 - 155) \div (10 - 3) \times 12 \approx 6.9$ 厘米 / 年

由计算可知，这个女孩一年的生长速度大约是 6.9 厘米。

比对上面各年龄段的理想生长速度后，大致能够知道这个女孩的生长速度是不低于正常值的。

如果条件允许的话，家长可以带孩子去医院测量骨龄、身高，寻求专业意见，以便更准确、合理地为孩子搭配营养膳食。

影响儿童身高的五大因素

影响孩子身高的因素有很多，每一种因素都是很重要的，父母一定要对这些因素重视起来。只有全面关注、多管齐下，才能够真正促进孩子长高。

营养

如果想要满足处在生长期孩子的营养需求，就必须满足两个条件：第一，饮食能够提供需要的所有营养；第二，孩子应做到不偏食、不挑食、不厌食、不暴饮暴食。只有在两个条件都满足的情况下，才能够为孩子生长提供有力的营养保障。

营养均衡是根本

只有吃对了，才能够保障孩子体态匀称、长得高。一些家长可能会走入饮食误区，认为孩子一定要吃营养价值高的补品，如人参、冬虫夏草等，还会盲目地给孩子吃保健品，导致孩子身体失调，使得孩子身体越来越差；还有一些家长看到孩子爱吃某种食物就给孩子一直吃，导致营养不均衡，影响孩子长高，由此可知，营养均衡很关键。

饮食需遵循两原则

无论是水果、蔬菜，还是肉类、豆类，或者是主食，在食用时都需要遵循两个基本原则：一是食物多样化，不同的食物应当搭配在一起食用；二是均衡营养、合理安排，不是看起来越有营养的东西就越要多吃。

睡眠

研究表明，睡眠时生长激素的分泌量比清醒时分泌量要多出几倍，所以充足的睡眠能够更有效保障生长激素的分泌。

不同年龄段的孩子每天需要的睡眠时间是不同的，具体如下表所示。

不同年龄段所需睡眠时间表

年龄	时间
新生儿	14~18 小时
2~3 个月	14~16 小时
5~9 个月	13~16 小时
1~3 岁	12~14 小时
4~6 岁	11~12 小时
7~9 岁	10 小时
10~12 岁	9 小时
青春期	9~10 小时

注：孩子是有个体差异的，家长不必让孩子必须按照表中时间睡觉，只要孩子一切正常，睡眠时间略长略短都可以。

在保证孩子充足睡眠的同时，家长还应重视睡眠质量，必要时可采取一些措施，如为孩子挑选一个舒适的枕头；减少睡前不良刺激（打游戏、看电视等）；睡前1~2小时内不要吃东西或者喝饮料等。

运动

无论对哪个年龄段的人来讲，适量运动都是有好处的。一定量的运动，不仅能够帮助孩子长高，还能够促进大脑的发育，因此，一定要鼓励孩子参加适量的运动。

一方面，运动能够提高机体新陈代谢，加速血液循环，促进机体分泌生长激素；另一方面，还能够消耗体能，更利于血液中的钙向骨骼转移，促进孩子长高。除此之外，运动还能够增强食欲，让孩子获得更丰富的营养。

适合的运动项目有哪些

适合促长高的运动项目有很多，主要包括跑步、篮球、羽毛球、网球、游泳、单杠、跳绳等，这些运动对骨骼、软骨的生长均能起到不同程度的促进作用，具体见下表所列：

运动项目	益处
弹跳（如跳绳、跳远、跑步等）	有助于四肢运动
伸展（如引体向上、仰卧起坐、前后弯腰等）	有助于脊柱和四肢伸展
全身（如篮球、羽毛球、足球、游泳等）	有助于全身骨骼的伸展延长

当然，孩子个人的喜好也是很重要的，如果为了让孩子长高就强迫他们参加不喜欢的运动项目，结果只会适得其反。孩子如果有自己喜欢的运动项目，父母应鼓励孩子多多参与；如果没有喜欢的运动项目，父母可适当引导，以身作则（孩子一般都会以父母为榜样），让孩子逐渐喜欢上这些有利于长高的运动项目。

运动中的注意事项有哪些

不可否认，运动有千般好，但一定要适度，且应遵循循序渐进的原则。如果运动过量，会造成运动损伤；如果运动量不足，则会导致没有任何效果。除此之外，

小朋友多参加运动还有助于养成坚强的性格。

如果孩子过早地参加某些不利于长高的运动项目，还会抑制其长高，如划船、负重跑、摔跤、举重等。因此，家长一定要做到在督促孩子适度运动的同时，不让孩子进入运动的"危险地带"。

情绪

研究表明，如果孩子长期处在焦虑的负面情绪下，很有可能造成心因性矮小。对于孩子而言，影响其身高的焦虑性因素主要有三类：分别是分离紧张感（指不愿与父母分离，不愿去学校上学等）；长期紧张焦虑症（表现为缺乏自信，害怕别的孩子不喜欢自己）；情感遮断（家庭环境压力大，父母感情不和或对孩子过于严厉）。让孩子产生这些情绪的原因有很多，家庭环境是占比很高的原因之一。

那么父母该如何打造一个和谐、健康的家庭环境呢？下面将简单为父母提供一些建议，以供参考。

父母教育态度需一致

父母教育孩子的态度应保持一致，否则会导致孩子思维上出现矛盾，不知该听谁的，进而出现矛盾、焦虑的心理，最后谁也不听，跟父母对着干。

父母应与孩子及时沟通

父母应当和孩子进行有效的沟通，尊重孩子的独立性，实际上3~7岁的孩子已经有了自我意识，能够在一定程度上独立思考问题了。所以即便孩子犯了错误，

爸妈之间气氛和谐、愉快，对孩子长高和大脑发育有帮助。

父母也不应当用劈头盖脸一顿骂的方式"解决问题"，应给孩子解释的机会，了解他们的观点后再有针对性地给予帮助、意见与建议。

不可"丧偶式"育儿

很多爸爸因工作繁忙导致育儿的参与度不够，在遇到问题后只能由妈妈一个人解决，妈妈难免会有抱怨，如果这种情绪传递给孩子，孩子自然就会产生负面的情绪，影响身高增长。所以爸爸妈妈之间应尽量协调，让爸爸有更多和孩子互动的机会，增进与孩子的情感，与此同时，还能够让妈妈适当从育儿的琐碎事情中抽离出来，获得属于自己的"闲暇"时光。总之，孩子只有在父母的共同呵护下才能够茁壮成长。

由此可知，打造一个和谐、温馨、健康的家庭环境，对孩子来讲是非常重要的。需要注意的是，女孩因比男孩在心理上更敏感一些，所以父母需给予更多的关注。

疾病

　　一些疾病同样会导致孩子长不高，如生长激素缺乏症、性早熟、贫血、病毒性心肌炎等。如果排除了营养、运动等其他因素，孩子依旧生长缓慢，此时父母就需要考虑是不是疾病导致孩子长不高，可带孩子去医院进行检查，寻求医生的帮助。但需要注意的是，父母千万不要有恐慌心理，因为这种情绪会传递给孩子，导致孩子产生畏惧情绪，应告诉自己和孩子只要及时治疗，这些疾病一般都不会对孩子的最终身高造成影响。

病毒性心肌炎

　　有些孩子得了病毒性心肌炎，父母因此小心翼翼，不敢让孩子做一些运动，进而导致孩子因缺少运动而不能长到理想身高。其实这种做法是不对的，循序渐进地增加运动量是很有必要的，这样可以让孩子增强体质、增加食欲，无论是对疾病的治疗，还是身高的增长都是有好处的。

性早熟

　　一些孩子生长发育比其他孩子早，比其他孩子长得高。有些父母会误以为这是好现象，但需注意孩子有没有性早熟的征兆，因为性早熟会导致骨骺过早闭合，影响孩子长高。父母应做到尽早发现，尽早干预，趁骨骺未闭合前寻求医生的帮助。

贫血

　　一般来讲，轻度贫血并不会影响孩子的身高，但如果是中重度贫血，那么对孩子身高还是有很大的影响的。当然，导致贫血的原因并不是唯一的，可能是单纯的营养不良引起的，此时只要补充充足的营养就可以了，也可能是寄生虫引起的贫血或者遗传性地中海贫血。父母需要寻求医生帮助，清楚了解贫血原因之后对症处理。

生长激素缺乏症

　　如果排除了其他因素干扰，孩子身高依旧增长缓慢，此时父母就需要警惕孩子是不是患有生长激素缺乏症，要赶快带孩子去医院检查，遵医嘱进行生长激素注射治疗。

　　家长需谨记一条原则，那就是"预防大于治疗"，即平时生活中让孩子做到合理饮食、均衡营养，适当参加体育锻炼，保证睡眠时间与质量，保持良好情绪等。

常讲补铁补血，贫血大都是缺铁导致的，红肉中铁元素含量较丰富，多吃红肉可有效补铁。

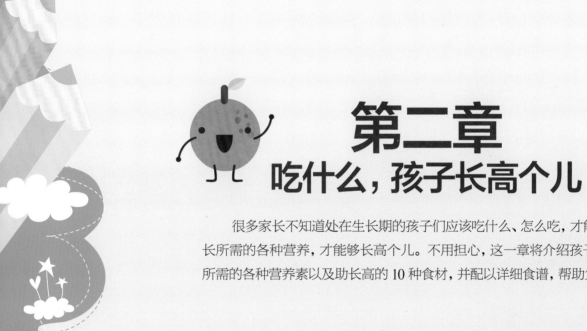

第二章
吃什么，孩子长高个儿

很多家长不知道处在生长期的孩子们应该吃什么、怎么吃，才能够摄取成长所需的各种营养，才能够长高个儿。不用担心，这一章将介绍孩子骨骼生长所需的各种营养素以及助长高的 10 种食材，并配以详细食谱，帮助父母解惑。

长高不可或缺的营养素

对于处在生长期的孩子来讲，骨骼生长特别需要的营养素包括钙、铁、锌等矿物质，维生素 A、维生素 B₂、维生素 C、维生素 D 与蛋白质等。但不可否认的是，无论是哪一种营养素，都必须适量合理补充，也就是说，既不能过多补充，也不能缺乏。相对药补、营养剂补充而言，食补最安全。

钙

钙是人体内含量比较高的一种矿物质，而钙在人体中沉积的主要部位就是骨骼，由此能看出，骨骼的主要构成成分就是钙。同时，钙也是骨骼发育的基本原料，孩子能不能长高与其吸收钙的能力强弱、钙补充量的多少是有直接关系的。

紫菜含钙丰富，
可促进孩子骨骼
生长。

钙缺乏或过量的症状是什么

当然，补钙不能盲目，既不能过量，也不能缺钙。钙过量会导致软骨过早钙化，骨骺提前闭合，影响长骨发育，易发生骨折；缺钙则会导致骨骼生长发育变缓，形成"X"形腿或者"O"形腿、佝偻病，最终导致身材矮小。

含钙较多的食物有哪些

含钙较多的食物包括牛奶及奶制品、豆制品、虾皮、鱼松、紫菜、南瓜子、芝麻酱、蘑菇、动物肝脏等。

被忽略的补钙方法：虾皮中含有较高的钙，针对不喜欢吃虾皮的孩子，爸爸妈妈可以选择将虾皮磨成粉撒到食物中，而且这样也便于孩子对钙的吸收。需要注意的是，虾皮通常较咸，尽量选择无盐虾皮或浸泡后食用。

虾皮鸡蛋羹

（适合年龄：1 岁半以上的孩子）

原料：

小白菜 30 克，鸡蛋 2 个，虾皮、香油、盐^注各适量。

做法：

①鸡蛋磕入碗中，搅拌成蛋液，备用。

②虾皮泡软，切碎；小白菜洗净，略焯烫，捞出，切碎。

③将虾皮碎、小白菜碎、蛋液、盐、适量温开水一同倒入大碗中，搅拌均匀，放入蒸锅中蒸熟，取出，淋上香油，即可。

营养功效：虾皮富含钙、镁元素，有助于孩子脑部发育；小白菜富含维生素 C，可提升身体对钙、铁等矿物质的吸收率。

玉米奶粥

（适合年龄：1 岁以上的孩子）

原料：

大米 100 克，玉米渣 50 克，鸡蛋 2 个，牛奶 300 毫升。

做法：

①将玉米渣、大米稍微泡一下；将鸡蛋打入碗中，搅散备用。

②将玉米渣、大米、牛奶注入锅中，大火煮开，中火熬煮 30 分钟，直至米粒开花。

③将鸡蛋液放入锅中，直至蛋液稍微凝固，即可。

营养功效：牛奶含有蛋白质、钙等，具有增强身体免疫力、强健骨骼等功效。

注：书中所列食谱中，凡提及有盐的，均只适合 1 岁以上的孩子食用。另外，调味料如胡椒粉、糖类等，应尽量少放，以免孩子挑食、偏食。

南瓜子小米粥

（适合年龄：2岁以上的孩子）

原料：

小米150克，南瓜子20克，盐适量。

做法：

①小米、南瓜子洗净，泡一会儿，备用。

②锅中注入清水，倒入小米，大火煮开；再倒入南瓜子，转小火煮至粥呈黏稠状，即可。

营养功效：南瓜子含有丰富的钙、锌等营养素，具有保护儿童牙齿和骨骼的功效。另外，南瓜子还能够促进胃肠蠕动。

芝麻酱凉面

（适合年龄：1岁以上的孩子）

原料：

面条200克，芝麻酱25克，黄瓜100克，芝麻、蒜末、花生碎、生抽、香醋、香油、盐各适量。

做法：

①黄瓜洗净，切丝，备用。

②碗中加少量水、香油、芝麻酱、香醋、生抽，再放入适量盐，调成芝麻酱浓汁，备用。

③锅中加入清水，烧开，放入面条，煮至熟透，捞出过凉水，放入大碗中；倒入调好的芝麻酱浓汁搅拌均匀，撒上芝麻、蒜末与花生碎，放上黄瓜丝，即可。

营养功效：芝麻酱含有丰富的钙质，经常食用可促进儿童骨骼与牙齿的发育。

奶酪适合 3 岁以上孩子食用，请优先选用天然奶酪，有助于孩子生长发育。

丝瓜炒虾仁

（适合年龄：1 岁以上的孩子）

原料：

虾仁 200 克，丝瓜块 100 克，生抽、水淀粉、葱段、姜片、香油、盐各适量。

做法：

①虾仁用生抽、水淀粉、盐腌 5 分钟。

②油锅烧热，将虾仁过油，盛出；用葱段、姜片炝锅，放入丝瓜块，炒至发软。

③放入虾仁翻炒，加香油、盐调味，即可。

营养功效：虾仁中富含钙质，适合孩子食用。

奶酪烤鸡翅

（适合年龄：3 岁以上的孩子）

原料：

鸡翅 300 克，奶酪 50 克，黄油 50 克，盐适量。

做法：

①鸡翅洗净，冷水下锅氽一下，捞出沥干，抹盐腌 2 小时。

②黄油放入锅中，待锅烧热、黄油融化后，放入鸡翅，小火煎至两面金黄。

③将奶酪擦成碎末撒在鸡翅上，煎至融化，即可。

营养功效：奶酪含有丰富的钙、维生素 A、B 族维生素，对孩子来讲，是较好的补钙食品，还能够增强孩子抵抗疾病的能力。

铁

　　铁作为体内多种酶(比如过氧化氢酶、细胞色素氧化酶等)的辅酶,在增强机体免疫力、新陈代谢活动等方面具有重要作用。铁存储于红细胞中的血红蛋白以及肌肉中的肌红蛋白中,参与人体氧的转运、交换与组织呼吸。

铁缺乏或过量的症状是什么

　　孩子如果缺铁,就容易导致胃肠黏膜萎缩,胃酸分泌不足,使孩子食欲减退,严重的还会产生厌食倾向,造成营养不良,最终导致孩子身体干瘦,发育迟缓,身高增长缓慢。因此,需要重视处在生长期孩子的食谱中铁的含量,避免缺铁。如果补充过量,则会引起呕吐、腹泻和肠道损害。

血制品富含铁元素,是孩子补铁佳品,但应适量食用。

含铁较多的食物有哪些

　　含铁较多的食物包括桂圆、猪肝、猪血、鸭血、芝麻酱、海带、黑木耳、银耳、虾等。

注意饮食,以防影响铁吸收:孩子上中学后学习任务重,睡眠时间被压缩,有时会用咖啡、茶提神,但饮用大量茶与咖啡会阻碍铁吸收。

煎猪肝丸子

（适合年龄：1岁以上的孩子）

原料：

猪肝100克，西红柿150克，鸡蛋2个，面粉、淀粉、番茄酱、料酒各适量。

做法：

①猪肝洗净去筋膜，剁成泥，加入料酒去腥，再加入面粉，打入鸡蛋液、淀粉，搅拌均匀。

②油锅烧热，将肝泥挤成丸子，下锅煎熟。

③西红柿洗净划十字刀，用开水略烫，去皮，切碎，和番茄酱一同煮成稠汁状，将其淋在煎好的猪肝丸子上，即可。

营养功效：猪肝含有蛋白质、不饱和脂肪酸、铁、钾等，是优质的补血食物。

芝麻肝

（适合年龄：1岁以上的孩子）

原料：

猪肝50克，鸡蛋1个，芝麻15克，面粉、盐各适量。

做法：

①碗中磕入鸡蛋，搅打成蛋液；猪肝洗净，切薄片，用盐腌好，裹上面粉，蘸上蛋液和芝麻。

②油锅烧热，放入猪肝，煎熟出锅，即可。

营养功效：猪肝与芝麻搭配食用，补铁效果更好。

青椒炒鸭血

（适合年龄：1岁半以上的孩子）

原料：

鸭血 200 克，青椒 60 克，蒜片、料酒、盐各适量。

做法：

① 青椒洗净，去子，切片，备用。

② 鸭血洗净，切块，在开水中余一下，去腥，待用。

③ 油锅烧热，倒入蒜片与青椒片，翻炒几下倒入鸭血，继续翻炒 2 分钟。

④ 放入适量料酒、盐，翻炒均匀，即可。

营养功效：鸭血含铁量高，能有效预防孩子发生缺铁性贫血。青椒中的维生素 C 能有效促进铁吸收。

白菜炒猪肝

（适合年龄：2岁以上的孩子）

原料：

白菜 250 克，猪肝 100 克，葱段、姜丝、酱油、料酒、白糖、盐各适量。

做法：

① 白菜洗净，切段；猪肝去筋膜，洗净切片，备用。

② 锅中加油烧热，放入葱段、姜丝爆香，放入猪肝片、酱油，翻炒均匀，再放入白糖、料酒、盐，炒至猪肝入味。

③ 放入白菜片，翻炒至入味，即可。

营养功效：白菜含有膳食纤维，能够促进肠壁蠕动；猪肝含有丰富的铁质，可有效预防缺铁性贫血。

菠菜猪血汤

（适合年龄：1 岁以上的孩子）

原料：

菠菜 200 克，猪血 150 克，盐、香油各适量。

做法：

①猪血洗净，切块；菠菜洗净、切段，将菠菜放入开水锅中略焯烫，捞出备用。

②猪血放入开水锅中煮至熟透，放入菠菜段、盐、香油即可。

营养功效：猪血富含的铁元素，可预防缺铁性贫血；菠菜中含有的胡萝卜素，能够起到保护儿童视力的作用。

鱼香肝片

（适合年龄：1 岁半以上的孩子）

原料：

猪肝 250 克，葱花、蒜末、姜末、料酒、淀粉、酱油、醋、白糖、盐各适量。

做法：

①猪肝洗净，切成片，加料酒、淀粉抓匀，放置 20 分钟左右。

②碗中加酱油、白糖、醋、盐调成汁，待用。

③锅中放油，烧至七成热，放入腌好的猪肝片，快速炒散，再放入蒜末、姜末，略翻炒。

④倒入调好的汁、葱花，翻炒均匀，即可。

营养功效：猪肝含铁丰富，且适合人体吸收，适量食用可有效预防缺铁性贫血。

锌

　　作为一种促进人体生长发育的关键元素，锌对骨骼生长的作用是很重要的。锌是人体中众多酶不可或缺的组成元素，其中一些酶和骨骼的生长发育有着密切的关联。

锌缺乏或过量的症状是什么

　　如果人体内缺少锌，一方面会影响蛋白质的合成；另一方面则会影响胰岛素、生长激素、肾上腺激素的合成、分泌以及活性。除此之外，锌对免疫系统的影响也是很大的，处在生长期的孩子如果体内缺少锌元素，机体对疾病的抵抗力以及正常的新陈代谢功能将会发生改变，从而对孩子的正常发育造成影响；如果摄入过量锌，则会使孩子食欲低下，从而导致营养不良，严重的还会出现异食癖。

含锌较多的食物有哪些

　　含锌较多的食物包括牡蛎、核桃、芝麻、鱼类、麦芽、瘦肉、牛奶、紫菜等。

孩子易缺锌的六种情况：第一，早产的孩子；第二，非母乳喂养；第三，偏食多动；第四，体弱多病；第五，消化吸收功能不好、易腹泻的孩子；第六，出汗多，锌元素会随汗液流失。

鲫鱼刺多，给小孩子喂食时
注意剔除所有鱼刺。

菠菜鱼片汤

（适合年龄：1 岁以上的孩子）

原料：

鲫鱼肉 250 克，菠菜 100 克，葱段、姜片、料酒、
盐各适量。

做法：

①菠菜择洗干净，切段，用沸水焯一下。

②鲫鱼肉切成厚片，加盐、料酒腌 30 分钟。

③锅置火上，放油烧至五成热，下葱段、姜片爆香，
放鱼片略煎，加水煮沸，用小火焖 20 分钟，投入菠菜
段，稍煮片刻，即可。

营养功效：菠菜鱼片汤含有孩子生长所需的多种营养
素，如蛋白质、钙、铁、锌等。

牡蛎煎蛋

（适合年龄：1 岁以上的孩子）

原料：

牡蛎 200 克，鸡蛋 2 个，香菇 50 克，洋葱 40 克，
盐适量。

做法：

①洋葱洗净，切丁；香菇洗净，去蒂，切粒，备用。

②牡蛎去壳，洗净，切粒；鸡蛋磕入碗中，搅成蛋液。

③热锅放油，放入香菇粒、洋葱丁与牡蛎肉，炒至快
熟时加入适量盐翻炒调味，再放入鸡蛋液，待凝固后
切成小块，即可。

营养功效：牡蛎肉含有丰富的钙、锌、蛋白质等营养
成分，可促进骨骼发育、增强免疫力、调节新陈代谢。

维生素 A

维生素 A 作为人体生长的要素之一，对孩子的生长发育有着不容忽视的作用。维生素 A 对骨细胞的分化和蛋白质的生物合成具有促进作用。

维生素 A 缺乏或过量的症状是什么

处在生长期的孩子如果缺少维生素 A，会减缓骨骺软骨细胞的成熟，导致生长发育迟缓，阻碍孩子长高；如果摄入过多，则会加速骨骺软骨细胞的成熟，加速骨骺板软骨细胞变形，使骨骺板变窄，甚至发生早期闭合，阻碍孩子变高。

西瓜的果糖含量较高，口感清甜，可以清热去火，夏季可适量食用，有助于孩子身体生长。

含维生素 A 较多的食物有哪些

含维生素 A 较多的食物包括动物肝脏、奶、蛋、黄油、胡萝卜、西瓜、樱桃等。

缺乏维生素 A 的典型症状：干眼症，还会让孩子夜视力降低，出现夜盲症，因此食谱中需增加乳类、蛋类及深色蔬菜等食材。

土豆富含碳水化合物，可为孩子提供日常所需能量，有助于长高。

香煎土豆

（适合年龄：1岁以上的孩子）

原料：

土豆300克，黄油20克，芝麻、黑胡椒粉、盐各适量。

做法：

①土豆洗净，放入清水锅中，大火煮熟，煮熟后取出，剥去外皮，切成小块，待用。

②锅洗净，烧干水分，放入黄油融化；放入土豆块，用中小火煎，直至表面金黄，盛出；趁热放入黑胡椒粉、芝麻与盐，即可。

营养功效：黄油含有丰富的维生素A，可保护儿童视力，促进生长发育。

奶酪蛋卷

（适合年龄：1岁以上的孩子）

原料：

牛奶100毫升，西红柿80克，熟玉米粒45克，鸡蛋2个，奶酪、番茄酱、盐各适量。

做法：

①奶酪切细丝，再切丁；西红柿洗净，去皮（可在开水中煮2分钟，更容易去皮），果肉切碎。

②大碗中倒入上述食材，加入番茄酱，搅拌均匀，制成馅料，备用；鸡蛋打散，加盐、牛奶，拌匀，待用。

③煎锅中倒入蛋液，煎成蛋饼，铺平摊开后放入馅料，然后卷成蛋卷，煎至食材熟透，切成小块，即可。

营养功效：牛奶、奶酪、蛋类均含有丰富的维生素A、钙质、蛋白质，可促进儿童骨骼生长。

维生素 B_2

维生素 B_2 又称"核黄素"，很多奶粉里都含维生素 B_2，它能促进生长发育，保护眼睛、皮肤，消除口腔炎症等。作为一种水溶性维生素，维生素 B_2 较容易被消化与吸收，但人体不能合成，因此，需要时常通过食物来加以补充。一般情况下，动物性食物中维生素 B_2 含量高于植物性食物。

维生素 B_2 缺乏或过量的症状是什么

如果体内缺少维生素 B_2，会导致消化系统的消化、吸收功能减退，还会出现一系列的胃肠道反应，从而导致营养不良，影响生长发育；如果维生素 B_2 摄入过量则会出现毒性反应，可能导致皮肤瘙痒，尿液发黄，身体出现烧灼感。需要说明的是，人体对维生素 B_2 的需要量并不高，大约每天 1.5 毫克就够了，4 岁以下儿童每天约为 0.7 毫克。

含维生素 B_2 较多的食物有哪些

含维生素 B_2 较多的食物包括鳝鱼、鲫鱼、螃蟹、乳类、肝、蛋黄、香菇、鲜豆类、花生、橘子、绿叶菜等。

鱼类中含有的维生素 B_2 较多，且给孩子多吃鱼，可补充大脑发育所需的多种营养。

光、碱性物质是维生素 B_2 的"天敌"：忌用透明的玻璃瓶装含维生素 B_2 的食物，如牛奶等；有人习惯加些碱来保持菜的颜色，但这会破坏蔬菜中的维生素 B_2。

复炸能使小黄鱼口感更酥脆。

脆煎小黄鱼

（适合年龄：1岁半以上的孩子）

原料：

小黄鱼 4 条，面粉 30 克，姜片、玉米淀粉、料酒、白胡椒粉、盐各适量。

做法：

①小黄鱼去内脏，洗净，用厨房纸吸干水分，加白胡椒粉、姜片、料酒、盐，抓匀腌 20 分钟，中途翻面几次。

②将玉米淀粉与面粉混匀，调成干粉，将鱼两面均匀裹上干粉后，抖落多余干粉。

③油锅烧热，约至六成热时下入裹好干粉的小黄鱼，煎至两面金黄，用筷子轻滑鱼身感觉变硬后捞出沥油。

营养功效：小黄鱼富含蛋白质、钙、维生素 B_2 等营养素。

蚝油香菇丁

（适合年龄：1岁以上的孩子）

原料：

鲜香菇 5 朵，猪颈背肉 200 克，青椒 1 个，蒜末、甜面酱、蚝油、生抽各适量。

做法：

①鲜香菇洗净去蒂，放入沸水锅中焯烫 1 分钟，捞出过凉水后挤去水分，切丁；青椒、猪颈背肉洗净，均切丁。

②锅中放油烧热，放入猪肉丁，煸炒至猪肉丁边缘呈金黄色，放入蒜末炒出香味。

③加入香菇丁，略微翻炒，调入甜面酱、蚝油、生抽，翻炒均匀，加入青椒丁，炒至全部食材熟透，盛出，即可。

营养功效：猪颈背肉富含优质蛋白质、维生素 B_2，并且能够提供有机铁，有效预防缺铁性贫血。

维生素 C

维生素 C 是从食物当中获得的一种水溶性维生素，一方面是软骨、骨骼与结缔组织生长的主要成分；另一方面，对胶原蛋白的形成也很重要。除此之外，维生素 C 还能够促进处在生长期孩子的生长发育，以及提高他们的大脑灵敏度与免疫力。

维生素 C 缺乏或过量的症状是什么

如果体内缺少维生素 C，就会导致人体内骨细胞间质形成缺陷而变脆，进而对骨的生长造成影响；如果摄入过量则容易导致处在生长期的孩子产生骨骼疾病。实际上，维生素 C 是一种水溶性维生素，如果摄入过量就会通过尿液排出，所以一般不会出现过量情况，但家长也不可大意。

苦瓜焯熟后能去除苦味，但也会导致维生素 C 流失。

含维生素 C 较多的食物有哪些

含维生素 C 较多的食物包括辣椒、菜花、雪里蕻、荠菜、猕猴桃、西红柿、鲜枣、沙棘、青蒜、甘蓝、山楂、苦瓜等。

不建议长期服用维生素 C 补充品：在生长时期，孩子如果服用过量的维生素 C 补充品，容易产生骨骼疾病。实际上，孩子每天吃些富含维生素 C 的食物就可以了，如蔬菜、水果。孩子如果不爱吃蔬菜，则需要保证每天水果的摄入量。

芥菜含有一定鞣酸和苦味，可以焯下水去除苦味。

凉拌西红柿

（适合年龄：1岁以上的孩子）

原料：

西红柿 300 克，白糖适量。

做法：

①洗净西红柿，切成薄厚适当的片，装盘备用。

②食用前撒上白糖，即可。

营养功效：生西红柿含有丰富的维生素 C，可促进儿童体内铁、钙的吸收，促进骨骼与牙齿的生长。

芥菜豆腐汤

（适合年龄：1岁以上的孩子）

原料：

芥菜末 60 克，豆腐块 200 克，姜末、料酒、盐各适量。

做法：

①豆腐洗净，切块，开水锅中倒入洗净切好的豆腐块，搅拌均匀，煮 2 分钟左右，捞起，装盘，备用。

②锅中注入适量油烧热，放入姜末炒香，倒入芥菜末，翻炒 1 分钟左右，淋入料酒，拌匀调味。

③加入适量清水，煮沸，倒入豆腐块，加盐，搅拌均匀后至全部食材煮熟，即可。

营养功效：芥菜中丰富的维生素 C 及膳食纤维，能够促进胃肠蠕动，减少肥胖对孩子骨骼发育的影响。

维生素D

　　维生素D同样是人体必需的营养素，和身高也有着密切的关联。作为一种脂溶性维生素，维生素D的主要作用是调节钙、磷的代谢，也就是通过维持血清中钙、磷的平衡，促进两者的吸收与骨骼的钙化，以此维持骨骼的正常生长。

维生素D缺乏或过量的症状是什么

　　如果体内缺少维生素D，就会减少骨骼对钙、磷的吸收和沉积，从而出现软骨症或者佝偻病；如果摄入过多，则会增加肠道对钙、磷的吸收量，从而使得血钙增加，引起骨硬化。

含维生素D较多的食物有哪些

　　食物中维生素D的含量并不多，相较而言，含维生素D较多的食物包括海鱼、鱼卵、黄油、奶、蛋黄、动物肝脏、干香菇等，但是也很难满足每天的最低量，因此必要时需通过口服维生素D等方式补充。

动物肝脏中所含的维生素D非常丰富，而且容易被人体吸收，有利于骨骼生长。

补充维生素D的途径：第一，从食物当中获取；第二，晒太阳；第三，通过补充剂补充维生素D。

茄汁鳕鱼

（适合年龄：1岁半以上的孩子）

原料：

鳕鱼、西红柿各150克，洋葱丁、熟豌豆、熟玉米粒各30克，橄榄油、水淀粉、料酒、番茄酱、淀粉、盐各适量。

做法：

①西红柿洗净，切块；鳕鱼中加料酒、盐、淀粉，拌匀。

②锅中倒入适量橄榄油，将鳕鱼煎至两面焦黄，盛入盘中备用。

③锅中留油，放入全部蔬菜翻炒后加水煮沸，加水淀粉、番茄酱、盐收汁，浇在鳕鱼上，即可。

营养功效：鳕鱼富含维生素 D、钙等营养素。

蛋黄豆腐碎米粥

（适合年龄：1岁以上的孩子）

原料：

鸡蛋2个，豆腐200克，水发大米120克，盐适量。

做法：

①豆腐切成丁；鸡蛋煮熟，去壳，取出蛋黄，捣烂备用。

②用料理机将水发大米磨成米碎。

③汤锅加水烧热，倒入米碎搅拌，煮成米糊；加入豆腐丁、盐，拌煮至豆腐熟透，盛出放入蛋黄，即可。

营养功效：蛋黄含有丰富的钙、维生素 D，能够促进骨质钙化，防治儿童因生长发育过快导致的软骨病。

蛋白质

　　蛋白质是人体细胞的重要组成成分，处在成长期的孩子需要蛋白质来形成毛发、神经、血液、肌肉、骨骼等。另外，蛋白质及其衍生物是孩子生长发育所需的各种激素的重要组成成分。除此之外，蛋白质还是维持人体正常免疫功能、神经系统功能必需的营养素之一。由此可知，蛋白质是非常重要的营养素。

蛋白质缺乏或过量的症状是什么

　　如果体内缺少蛋白质会有多种危害，如骨质疏松、免疫力低下、易疲劳等；如果摄入过量同样有危害，如加重肾脏负担、导致胆固醇过高等。

含蛋白质较多的食物有哪些

　　含蛋白质较多的食物包括奶、鱼、虾、蛋类、禽肉、畜肉等(动物蛋白)；黄豆、核桃、芝麻、松子仁、杏仁等(植物蛋白)。

奶类食物及奶制品均含有大量的蛋白质，其中牛奶中蛋白质含量较高。

含完全蛋白质的食物：完全蛋白质所含必需氨基酸种类齐全、数量充足、比例适当，能促进儿童生长发育，乳类、肉类、蛋类中均含有此类蛋白质。

腐乳香排骨

（适合年龄：3 岁以上的孩子）

原料：

猪排骨段 500 克，带汁腐乳 2 块，葱段、姜片、八角、香叶、老抽、醋、冰糖、水淀粉各适量。

做法：

①油锅烧热，放入汆烫后的排骨段，炒出香味后，放入八角、香叶、葱段、姜片继续翻炒，然后加入没过排骨段的开水。

②加入老抽，大火烧开后加入带汁腐乳，至颜色变更红，加入冰糖，转小火煮至汤汁变浓，加醋、水淀粉，最后小火收汁，即可。

营养功效：猪排骨富含蛋白质、脂肪、磷酸钙。

芝麻拌芋头

（适合年龄：1 岁以上的孩子）

原料：

芋头 300 克，熟白芝麻 25 克，白糖、老抽各适量。

做法：

①芋头去皮，切成小块，将切好的芋头装入蒸盘中，备用。

②芋头上蒸锅蒸熟，放凉待用。

③取一个大碗，倒入蒸好的芋头，压成泥状，加入白糖、老抽，撒上熟白芝麻，搅拌均匀，即可。

营养功效：芝麻、芋头含有丰富的植物蛋白、钙等营养素，可增强儿童免疫力，促进骨骼发育。

核桃瘦肉汤

（适合年龄：2 岁以上的孩子）

原料：

瘦肉 150 克，核桃仁 20 克，盐适量。

做法：

①核桃仁洗净；瘦肉洗净，切成片，备用。

②将核桃仁、瘦肉片一同放入锅中，加适量水，小火慢炖至肉熟，加盐调味，即可。

营养功效：核桃和瘦肉均含有丰富的蛋白质，能为孩子提供所需营养。另外，核桃还具有健脑补脑的作用。

羊肉粉丝汤

（适合年龄：2 岁以上的孩子）

原料：

羊肉 200 克，粉丝 100 克，虾皮 5 克，葱末、姜丝、蒜末、醋、盐各适量。

做法：

①粉丝洗净，用温水浸泡 30 分钟左右，备用。

②羊肉洗净，切成块，氽水；虾皮洗净，待用。

③油锅烧热，放入蒜末爆香，倒入羊肉，煸炒至干，加少许醋，随后加入适量水、姜丝、葱末，大火煮沸，转小火焖煮至羊肉熟烂。

④加粉丝与虾皮煮 10 分钟，加盐调味，即可。

营养功效：羊肉与虾皮中蛋白质、钙的含量比较高，孩子经常食用能够满足身体发育所需的营养。

胡萝卜炖牛肉

（适合年龄：2岁以上的孩子）

原料：

牛肉350克，胡萝卜块60克，葱丝、姜末、蒜末、酱油、番茄酱、醋、料酒、盐各适量。

做法：

①牛肉洗净，切小块，放入冷水锅中，淋入料酒，水烧开撇去浮沫，捞出，备用。

②油锅烧热，放入牛肉块翻炒，倒入酱油、料酒、醋，翻炒片刻，之后放入胡萝卜块、番茄酱翻炒。

③加适量热水、葱丝、姜末、蒜末，转小火炖煮收汁，最后加盐调味，即可。

营养功效：此菜可增强孩子免疫力，保护视力。

鹌鹑蛋烧肉

（适合年龄：2岁以上的孩子）

原料：

熟鹌鹑蛋200克，猪瘦肉150克，姜片、葱花、八角、花椒、香叶、冰糖、料酒、酱油、盐各适量。

做法：

①猪瘦肉洗净，切块，锅中加料酒、姜片，下猪瘦肉块余水，捞出，沥干，待用。

②油锅烧热，放入猪瘦肉块，小火煎炒至变色出油，放入熟鹌鹑蛋，翻炒片刻，加入葱花、姜片、八角、花椒、香叶、冰糖，煸炒出香味，加水没过猪瘦肉与鹌鹑蛋，加酱油、盐，转小火炖煮收汁，即可。

营养功效：鹌鹑蛋含有丰富的蛋白质、钙、磷等营养物质，帮助孩子健康成长。

让孩子长个儿的 10 种 "明星" 食材

对处于生长期的孩子来讲，吃是促进他们长高与发育最简单且有效的方式。哪些食材能够让孩子长得更高、身体更棒呢？下面为家长详细介绍长个儿的 10 种 "明星" 食材，并提供相应的食谱，让孩子爱上吃饭的同时，获得生长所需的各种营养。

小麦

小麦作为三大谷物之一，一直都是我国餐桌上的主食，尤其是我国北方地区。小麦除了能够为孩子提供所需的碳水化合物之外，其含有的膳食纤维还能够促进胃肠蠕动，有效预防便秘。

营养分析

主要营养成分：小麦含有糖类、膳食纤维、蛋白质、脂肪、钙、磷、铁、钾、锌、维生素 B_2、烟酸、维生素 E 等营养物质。

增高功效：小麦含有较高的植物蛋白，是人体蛋白质的重要来源，对儿童生长发育有一定的促进作用。常食用小麦还能够提高睡眠质量，辅助儿童长高。

因为气候条件不同，北方主要作物是小麦，因此饮食上也多以面食为主。

助长高吃法

食用量：一般来讲，每天食用 150 克左右即可，与此同时，还需要搭配其他食物（如肉、蔬菜、水果等）一同食用，才能够营养全面。

烹调方式：小麦有多种烹饪方式，如煎汤、煮粥，抑或制成面食。

搭配指南：小麦和荞麦、莜麦搭配，营养更全面，能让孩子获得生长所需营养；和大枣搭配有助于缓解腹泻。

小麦中的维生素 B_2 可维持皮肤与神经系统的健康。

妈妈常见疑问：
小麦粉和面粉有区别吗

小麦是面粉的原料，但两者存在一定差别，即面粉是小麦去了皮的中间部分磨成的粉状物，属于细粮；小麦粉则是不需去麸皮磨成的粉，属于粗粮。妈妈在选购时可根据自己需要挑选。

挑选与储存

挑选

▶ 选购小麦粉时主要看色泽。一般来讲，优质的小麦粉应是白中略带浅黄色，如果呈青灰色或者灰白色则已变质，建议退换。

储存

▶ 古语有云："麦吃陈，米吃新。"相较于新磨的小麦粉，存放时间适当长些的小麦粉品质更好。另外，小麦粉最好在干燥密封的环境中储存。

小麦花生小米粥

（适合年龄：1岁以上的孩子）

原料：

小米100克，小麦100克，花生米80克。

做法：

①小麦、花生米、小米洗净，备用。

②砂锅注水烧热，倒入洗净的小麦，盖上盖，烧开后转小火煮20分钟至小麦软烂。

③倒入洗净的花生米、小米，拌匀，小火煮30分钟，至食材软烂后略搅拌，即可。

营养功效：小麦富含碳水化合物、钙、铁等，可促进骨骼发育；小米具有滋阴养血的作用；花生中蛋白质含量较高。

小麦菠菜饼

（适合年龄：1岁以上的孩子）

原料：

小麦粉120克，菠菜100克，鸡蛋1个，十三香、盐各适量。

做法：

①菠菜洗净，放入开水中焯烫，取出切段。

②将小麦粉、菠菜段倒入碗中，磕入鸡蛋，加入适量十三香和盐，搅拌成面糊。

③煎锅中倒油烧热，倒入面糊，待凝固成饼状，翻面，至两面煎熟，即可。

营养功效：此菜既能满足儿童对能量的需求，还能预防孩子发育迟缓。

小米

随着物质生活条件的提升，人们饮食中粗粮所占的比例变得越来越低。其实适当吃些粗粮是有益的，而小米就是一个很好的选择。家长可以多做一些包含小米的饭，拓展孩子的食物种类，让其做到不偏食、不厌食。

营养分析

主要营养成分：小米含有碳水化合物、蛋白质、钙、铁、钾、维生素、烟酸等营养物质。

增高功效：小米有滋阴养血的功能，有助于预防儿童发育不良，同时还能够促进身体对各种营养素的吸收，防止身材矮小。除此之外，小米具有抑菌与预防儿童发育迟缓的作用，可以有效降低口腔中细菌量，缓解精神倦怠，防治脚气病等。小米还能够补养肝气，止虚汗，间接预防儿童发育迟缓。

小米具有清热、消渴的功效，能缓解孩子脾虚气弱、消化不良等症状，提升孩子消化系统的功能。

小米中含有的硒容易被人体吸收。

助长高吃法

食用量：每天食用 100 克左右小米即可，因其性凉，不宜多吃，可以搭配其他食材一同食用。

烹调方式：小米作为主食，一般采用蒸、煮的烹饪方式。

搭配指南：小米和山药搭配能够起到缓解疲劳、调理肠胃的作用；和鸡蛋搭配则能够促进蛋白质的吸收。

妈妈常见疑问：
小米粒小不好洗怎么办

小米粒小、皮薄，所以较难清洗，这里为妈妈提供一种淘洗的方法。可将小米放在碗中，再倒入清水，用手轻柔地搓洗小米，待表面清洗干净后将含有杂质的淘米水倒出，反复3~4次就可以了。

挑选与储存

挑选

▶ 最好选择大小一致、颜色均匀的米粒，选呈乳白色、金黄色或者黄色，有光泽，少有碎米，无杂质的小米。

储存

▶ 最好将小米放在干燥、通风好、阴凉的地方。一次不必买太多，现吃现买。

小米鸡蛋粥

（适合年龄：1岁以上的孩子）

原料：

小米50克，鸡蛋1个，红糖适量。

做法：

①小米淘洗干净，鸡蛋打散，搅拌均匀。

②锅中加入小米与清水，大火煮沸后，转小火熬煮至粥浓。

③然后倒入鸡蛋液并搅散，略煮，加入少许红糖调味即可。

营养功效：小米含有蛋白质、脂肪及维生素等多种营养成分，可温补脾胃，让宝宝更健康。

豌豆小米粥

（适合年龄：1岁以上的孩子）

原料：

嫩豌豆30克，小米50克，红糖适量。

做法：

①将嫩豌豆、小米用清水洗净，备用。

②锅中注入清水，放入小米，煮沸。

③改用小火，煮20分钟，放入嫩豌豆。

④熬煮至豌豆、小米熟烂浓稠，加入少许红糖调味，即可。

营养功效：豌豆含有多种维生素，且钙、磷、钾的含量都较高；小米具有健脾和胃的功效，两者搭配促孩子长高。

牛肉

　　一直以来，牛肉都是人们补充蛋白质的上好食材，并且这些蛋白质的氨基酸组成比猪肉更符合人体需要。对处在生长发育期的孩子来讲，牛肉是孩子补充体力、促进长高的好食材。

营养分析

　　主要营养成分：牛肉富含蛋白质、脂肪、维生素 A、维生素 E、维生素 B_2、烟酸、钙、铁、牛磺酸等营养物质。

　　增高功效：牛肉中肌氨酸含量高于其他食物，因此，对儿童增长肌肉、增强力量效果显著。牛肉还有助于增强智力与免疫力，牛肉中脂肪含量较低，但亚油酸的含量较高，对儿童的智力发育有益。此外，牛肉含有的维生素 B_6，能够增强机体免疫力，对蛋白质的代谢与合成同样有促进作用，帮助儿童在运动后恢复体力。

牛肉中含有的铁、锌、镁和蛋白质，可以促进孩子骨骼成长，有利于长高。

一般来说，2岁以后的儿童才可以吃牛排等大块的牛肉料理。

助长高吃法

食用量： 一般来讲，新鲜牛肉每日可食 80~100 克，牛肉干每日食用不应超过 50 克。

烹调方式： 无论是煎、烤、煮，还是炖、蒸、炒，都可以做出美味的牛肉料理。烹饪时，可加入些橘皮、茶叶或山楂，这样牛肉更容易煮烂。

搭配指南： 牛肉与香菇搭配，更易于消化，适合孩子还未成熟的消化系统；和南瓜搭配有健胃益气的功效。

妈妈常见疑问：
不同部位牛肉的肉质与口感

腱子位于牛的前后腿部位，由于这些地方运动量很大，因此吃起来比较有嚼劲，肉质紧实，适合火锅或者烧烤类的料理。

前胸肉和肋脊肉，由于这两部分几乎没有运动量，且大部分营养储存在这里，因此，肉质比较肥美、鲜嫩，适合烹调类的料理。

腹肋和后腿部的肉质过于坚硬，因此口感比较差，适合大火爆炒。

牛小排、前腰脊部、腰内肉、后腿脊部的肉是理想的食材，口感好，肉质嫩，可以做牛排、涮火锅等。

挑选与储存
挑选
▶ 选购牛肉时，应选择红色均匀、有光泽，脂肪呈现洁白或者淡黄色的新鲜牛肉。
储存
▶ 牛肉应放在冰箱的冷冻室内储存，最好按每顿食用量分开储存，这样可以避免解冻次数过多，影响牛肉的口感与质量。

滑蛋牛肉

（适合年龄：1岁半以上的孩子）

原料：

牛肉100克，鸡蛋液、葱花、水淀粉、小苏打粉、生抽、盐各适量。

做法：

①牛肉洗净，切成薄片放入碗中，加入小苏打粉、生抽、盐拌匀，然后放水淀粉，拌匀，腌10分钟。

②油锅烧至五成热，倒入牛肉，滑油炒至变色，捞出倒入蛋液当中，加葱花拌匀。

③锅底留油烧热，倒入蛋液牛肉，快速翻炒至食材熟透，盛出，即可。

营养功效：此菜富含蛋白质、钙、铁等。

菠萝炒牛肉

（适合年龄：1岁以上的孩子）

原料：

牛肉片200克，菠萝肉块200克，水淀粉、小苏打粉、料酒、盐各适量。

做法：

①牛肉片中加入小苏打粉、水淀粉、料酒、油、盐，搅拌均匀，腌20分钟。

②油锅烧热，倒入肉片炒至变色，然后倒入菠萝肉块，翻炒均匀。

③转小火，淋入料酒，加水淀粉、盐，中火炒匀，至食材全部熟透，即可。

营养功效：牛肉含有丰富的钙与维生素D等，搭配菠萝食用，爽口不腻。

鸡肝

鸡肝中的营养成分，如铁、蛋白质等，对孩子增高有很大的帮助。另外，鸡肝中含有的维生素 A 对用眼比较多的孩子也有一定的益处，可缓解眼疲劳。

营养分析

主要营养成分：鸡肝含有蛋白质、脂肪、糖类、维生素 A、维生素 E、钙、磷等营养物质。

增高功效：动物肝脏是人体维生素 D 的主要来源之一，儿童适量食用鸡肝，能提升细胞外液中磷、钙的浓度，对骨盐沉着有利，可有效预防儿童骨折。另外，鸡肝对维持人体正常生长与生殖机能有显著作用。鸡肝含有丰富的铁质，而铁是产生红细胞必需的元素之一，倘若缺乏，儿童就会感到疲惫。鸡肝中含有的维生素 A，还能够促进生长发育与维护生殖机能。除此之外，鸡肝还能够增强机体免疫力。

适量进食鸡肝还能够让孩子皮肤红润，有益于皮肤健康。

鸡肝不可过量食用，否则会引起身体不适，出现烦躁、恶心、精神萎靡等症状。

助长高吃法

食用量：鸡肝一天不可吃太多，每人每日吃 3 个左右，一星期吃 1~2 次就可以了。

烹调方式：适合鸡肝的烹调方式有很多，如炒、煮、烤、卤等。

搭配指南：鸡肝和维生素 C 含量高的蔬菜搭配，可促进铁的吸收；和胡萝卜搭配有补肝明目的功效。

鸡肝烹调时间长好还是短好

鸡肝的烹调时间不宜太短，至少应当在大火中炒 5 分钟以上，使肝完全变成灰褐色，以看不到血丝为宜。另外，因肝脏是排毒器官，所以买回后不要急于烹调，可将其放在自来水龙头下冲洗 10 分钟，然后放在水中再浸泡 10 分钟后烹调。

挑选与储存

挑选

▶ 可挑选呈淡红色、土黄色，自然充满弹性的鸡肝，黑色(不新鲜)、鲜红色(加色素)的鸡肝不要买。

储存

▶ 一次不要买太多，够一顿吃的量即可，因鸡肝容易变质，现吃现买比较好。

鸡肝：鸡肝中维生素 B_1 含量也比较丰富，可预防脚气病。

盐水鸡肝

（适合年龄：2 岁以上的孩子）

原料：

鸡肝 200 克，葱末、姜片、香菜末、料酒、醋、香油、盐各适量。

做法：

①鸡肝洗净，放入锅中，注入适量清水、姜片、盐、料酒，煮至鸡肝熟透，捞出。

②待鸡肝放凉后切片，加醋、葱末、香油，搅拌均匀，撒入香菜末，即可。

营养功效：鸡肝含有丰富的钙质、磷、蛋白质等，有利于增高，还能够养肝明目。

煮熟后，密封静置一段时间，可使鸡肝更加入味。

冬瓜肝泥馄饨

（适合年龄：1 岁以上的孩子）

原料：

鸡肝、冬瓜各 150 克，馄饨皮、盐各适量。

做法：

①冬瓜洗净，去皮、去瓤，切末备用。

②鸡肝洗净，加水剁成泥，待用。

③鸡肝泥、冬瓜末中加盐，搅拌成馅，放入馄饨皮中包好，上锅蒸熟，即可。

营养功效：鸡肝富含铁质、维生素 A 等营养素，对维持儿童正常生长、缓解眼疲劳均有益处；冬瓜具有消炎、消肿、利尿的功效。

牛奶

被誉为"白色血液"的牛奶，是最古老的天然饮料之一。对处在生长期的孩子来讲，多喝牛奶好处多多，既能够改善睡眠，又能够促进骨骼生长。

营养分析

主要营养成分：牛奶中含有脂肪、磷脂、蛋白质、乳糖、钙、铁、锌、铜、维生素 A、维生素 C 等营养物质。

增高功效：牛奶含有适合儿童发育所需的多种营养素，其中含有丰富的钙、维生素 D，可促进骨骼的生长。而且，牛奶还具有镇定安神的作用，可提高孩子睡眠质量，促进生长激素分泌，帮助孩子达到理想身高。

牛奶加热时不要久煮，否则会破坏其营养素。一些妈妈喜欢往牛奶中加糖，但时机很重要，应在煮热离火后再加糖。

助长高吃法

食用量：每日饮用 200 毫升左右的牛奶即可，这样既不会因摄入过多导致身体不能完全吸收，也不会因摄入不足导致营养不良。处在生长关键期的孩子可适当增加饮用量。注意：有乳糖不耐症的孩子，可选择酸奶。

烹调方式：牛奶一般会直接加热饮用，但要注意不要破坏牛奶的营养成分；也可以搭配其他食材做牛奶饮；还可以煮汤等。

孩子每天喝一杯牛奶助长高。

搭配指南：牛奶和香蕉搭配能促进人体对维生素 B_{12} 的吸收，提升孩子记忆力；和木瓜搭配能够起到护肤的作用。

妈妈常见疑问：
牛奶什么时间饮用合适

想要牛奶发挥出最大功效，最好在早上喝，喝前可吃一些面包、饼干等，促进吸收；如果想要牛奶发挥安神助眠的作用，可在睡前1小时喝。

挑选与储存

挑选

▶ 新鲜牛奶呈现乳白色或者略带微黄色，呈均匀的流体。也可将牛奶滴入清水中，如果化不开则为新鲜牛奶；反之，则表示不新鲜。

储存

▶ 牛奶应放在阴凉处储藏。牛奶打开后最好一次饮用完。如果未喝完则应拧紧瓶盖，放冰箱冷藏室内储存。

牛奶核桃粥

（适合年龄：1岁半以上的孩子）

原料：

大米50克，核桃仁10克，鲜牛奶300毫升。

做法：

①将大米淘洗干净，加适量水，煮沸。

②放入核桃仁，中火熬煮30分钟。

③倒入鲜牛奶，搅拌均匀，即可。

营养功效：牛奶是钙的最佳来源之一；核桃仁富含钙、磷、钾、磷脂等，二者搭配，营养丰富、全面。

虾肉奶汤羹

（适合年龄：1岁以上的孩子）

原料：

虾250克，胡萝卜、西蓝花各50克，牛奶、盐各适量。

做法：

①虾洗净，去壳，去虾线；胡萝卜洗净，切片；西蓝花洗净，掰小朵。

②锅中水开后放入胡萝卜片、西蓝花，加盐调味，大火煮沸后，加入虾仁，再煮10分钟，关火加入牛奶搅匀，即可。

营养功效：牛奶含有儿童长高需要的多种营养素，如钙、蛋白质等；虾仁同样含有丰富的优质蛋白质。

西蓝花与胡萝卜中富含胡萝卜素，可保护孩子的视力。

奶香玉米饼

（适合年龄：1岁以上的孩子）

原料：

面粉、玉米粒各100克，鸡蛋2个，奶油20克，盐适量。

做法：

①鸡蛋打入碗中，取蛋黄备用。

②将玉米粒、面粉、蛋黄液、奶油、适量盐倒入大碗中，搅拌成糊状。

③油锅烧热，倒入面糊，小火摊成饼状，至饼两面呈金黄色。

营养功效：牛奶富含钙质，搭配玉米、面粉还可为孩子补充膳食纤维与碳水化合物。

红豆双皮奶

（适合年龄：1岁以上的孩子）

原料：

牛奶200毫升，鸡蛋1个，红豆、白糖各适量。

做法：

①红豆洗净，放入锅中煮熟烂；鸡蛋磕入碗中，取蛋清倒入大碗中，备用。

②牛奶倒入小碗中，隔水加热后凉凉，待表层凝结成奶皮，将牛奶液倒入大碗中，奶皮留在碗底（碗底留点奶，防止奶皮粘在碗底）。

③大碗中加适量白糖，将牛奶、白糖、蛋清液搅拌均匀，之后再倒入小碗中，使奶皮浮起。小碗封上保鲜膜，隔水蒸10分钟，冷却后形成新的奶皮，撒上红豆，即可。

营养功效：牛奶富含钙质，可满足儿童生长期所需。

红豆口感绵密甜糯，且富含蛋白质，补充营养的同时孩子也爱吃。

常吃芝麻还能够让皮肤柔嫩、光滑、细致。

牛奶香蕉芝麻糊

（适合年龄：1岁以上的孩子）

原料：

牛奶200毫升，香蕉1根，熟芝麻适量。

做法：

①香蕉去皮，切成块后再碾成泥，备用。

②牛奶倒入锅中，待奶热后放入香蕉泥，搅拌均匀。

③将牛奶香蕉泥盛出，放入适量熟芝麻，即可。

营养功效：牛奶可补充儿童所需钙质；香蕉具有促进胃肠蠕动、帮助消化的功效；芝麻具有提高机体抵抗力的功效。

牛奶蛋黄青菜泥

（适合年龄：1岁以上的孩子）

原料：

牛奶200毫升，鸡蛋2个，小白菜80克，白糖适量。

做法：

①小白菜洗净，切碎，放入榨汁机中，加一点白开水榨成汁，备用。

②鸡蛋煮熟，取蛋黄，碾成泥，备用。

③锅中加牛奶，放入小白菜汁、蛋黄泥、白糖，边煮边搅至沸腾，即可。

营养功效：牛奶、鸡蛋和小白菜三者搭配，不仅能够为孩子提供所需营养，而且易消化吸收，可减轻孩子胃肠负担。

鸡蛋

鸡蛋有很高的营养价值，是人体所需优质蛋白质、B 族维生素的良好来源，还能提供一定数量的脂肪、维生素 A 和矿物质。因此，鸡蛋可为孩子提供发育所需的多种营养素，对促进孩子身体发育、长高有一定的辅助作用。

营养分析

主要营养成分：鸡蛋中含有蛋白质、卵磷脂、核黄素、烟酸、维生素 A 和维生素 D、钙、铁、磷、钾等营养物质。

增高功效：鸡蛋含有丰富的人体必需营养素，经常食用，能补充骨骼发育所需的蛋白质、维生素和矿物质，有效预防儿童营养不良引起的发育迟缓。而且食用鸡蛋有利于提升免疫力、促进身体发育，鸡蛋中含有的蛋白质对身体组织的发育及修复有促进作用；卵磷脂可促进脑细胞发育，对增强机体代谢功能、免疫机能有一定帮助。

市面上常见的鸡蛋壳虽然有不同颜色，但其中的营养成分及价值差别不大，不用非要买某一种颜色的鸡蛋。

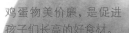

鸡蛋物美价廉，是促进孩子们长高的好食材。

助长高吃法

食用量：每天建议食用 1~2 个鸡蛋，每天不宜超过 2 个。

烹调方式：鸡蛋的烹调方式有很多，煮、炒、煎、蒸都是不错的选择。

对于消化能力尚未发育成熟的婴幼儿来说，煮鸡蛋不易消化，不建议直接喂给宝宝吃，蒸蛋羹、鸡蛋汤较为合适。

打鸡蛋液时加入少量的水，炒出来的鸡蛋口感更嫩。

搭配指南：鸡蛋和桂圆搭配可起到安神的作用，能够让孩子身体更强壮；和丝瓜搭配能润肺美肤，也很适合爸爸妈妈食用。

妈妈常见疑问：
溏心蛋可不可以吃

有人认为溏心鸡蛋营养高，其实并不科学。从杀菌角度讲，如果选用的不是无菌蛋，普通鸡蛋的烹调温度必须达到70~80℃才能杀灭沙门氏菌，只有当蛋黄凝固时才说明温度已接近。

挑选和储存
挑选
▶ 应选择蛋壳清洁、完整、表面略有粗糙感的。拿起鸡蛋在耳边摇晃，如无声音，则较新鲜；如有水晃荡声，说明不新鲜。
储存
▶ 鸡蛋应竖着存放，且大头朝上。需保存的鸡蛋不要冲洗，可直接放在冷藏室。

菠菜炒鸡蛋
（适合年龄：1岁以上的孩子）

原料：

菠菜200克，鸡蛋2个，葱丝、盐各适量。

做法：

①菠菜洗净，切段，焯熟，捞出沥干水分，备用。

②将鸡蛋打入碗中，搅拌均匀，在热油锅中煎熟，盛出，待用。

③再起油锅，爆香葱丝，放入菠菜段、盐、鸡蛋，翻炒1分钟，即可。

营养功效：菠菜炒鸡蛋可提供儿童骨骼和大脑发育所需的维生素和蛋白质。

鸡肉蛋卷
（适合年龄：1岁以上的孩子）

原料：

鸡蛋2个，鸡肉100克，面粉、盐各适量。

做法：

①将鸡肉洗净，剁成泥，加适量盐拌匀。

②将鸡蛋打成蛋液，倒入面粉碗里，加水搅成面糊。

③平底锅加油烧热，然后倒入面糊，用小火摊成薄饼。

④将薄饼放在案板上，加入鸡肉泥，卷成长条并切段，上锅蒸熟，即可。

营养功效：鸡蛋和鸡肉同食，可以补充优质蛋白质及维生素，为儿童提供发育及活动所需的营养及能量。

也可在鸡肉泥中加入适量蛋清，让肉质更滑嫩。

洋葱黄瓜炒鸡蛋

（适合年龄：1 岁以上的孩子）

原料：

黄瓜 200 克，洋葱 100 克，鸡蛋 2 个，白糖、盐适量。

做法：

①鸡蛋磕入碗中，加少许盐，搅打成蛋液；黄瓜、洋葱洗净，均切片，备用。

②锅中加油烧热，倒入鸡蛋液，待凝固后用筷子打散，盛出，备用。

③锅中留油，倒入洋葱片，翻炒出香味，倒入黄瓜片，炒至断生，放入鸡蛋块，调入盐、白糖，翻炒均匀，即可。

营养功效：鸡蛋含有儿童生长所需的多种营养素，搭配洋葱食用，还可预防感冒。

鸡蛋丝瓜汤

（适合年龄：1 岁以上的孩子）

原料：

丝瓜 200 克，鸡蛋 2 个，盐适量。

做法：

①丝瓜洗净，去皮，切块，备用。

②鸡蛋磕入碗中，搅成蛋液，待用。

③油锅烧热，倒入蛋液，待凝固后用铲子切成块，然后倒入丝瓜块，翻炒至熟。

④加清水，煮沸后放入适量盐，搅拌均匀，即可。

营养功效：此汤具有清热凉血、养心宁神、清热通络的功效，且富含蛋白质、B 族维生素、维生素 C 等营养素。

丝瓜具有保护皮肤的作用，让孩子皮肤红润有光泽。

鸡蛋酱打卤面

（适合年龄：1岁以上的孩子）

原料：

面条 200 克，鸡蛋 2 个，葱花、姜末、蒜末、黄豆酱、盐各适量。

做法：

①鸡蛋磕入碗中，搅成蛋液，待用。

②油锅烧热，倒入蛋液搅散，待凝固后放入葱花、蒜末、姜末、少许盐，略翻炒，之后放入黄豆酱炒匀，盛出备用。

③锅中注水烧开，放面条煮熟捞出，浇上鸡蛋酱，即可。

营养功效：鸡蛋富含蛋白质与 B 族维生素，可增强孩子免疫力；面条可以为孩子提供能量。

鸡蛋什锦沙拉

（适合年龄：1岁以上的孩子）

原料：

鸡蛋 1 个，生菜 100 克，圣女果 80 克，洋葱、苹果各 50 克，沙拉酱适量。

做法：

①鸡蛋放入锅中煮熟，捞出过冷水，剥皮，切开，备用。

②生菜洗净，撕成小片；圣女果、洋葱洗净，切片；苹果洗净，去皮、去核，切小块，待用。

③将上述准备好的所有食材放入大碗中，倒入沙拉酱，搅拌均匀，即可。

营养功效：沙拉制作简单，且食材丰富、营养全面、口感香甜，适合孩子食用。

海带

　　海带具有多重功效，如预防和治疗甲状腺肿大、美肤美发等。另外，还能够有效预防儿童过度肥胖。因此，海带是一种能够让孩子长个儿的"明星"食材。

营养分析

　　主要营养成分：海带中含有蛋白质、多不饱和脂肪酸、钙、碘、镁、维生素 A、B 族维生素、维生素 C 等营养物质。

　　增高功效：海带中含有丰富的钙元素，能够促进骨质钙化。除此之外，还含有丰富的碘元素，能够促进甲状腺素的合成，从而促进骨骼生长。而且海带热量低，含有的膳食纤维能够促进胃肠蠕动，预防孩子肥胖，维持孩子身体健康，有助于平衡体内激素，保证孩子正常发育。

海带所含蛋白质中的氨基酸种类齐全，比例适当，有利于孩子身体发育。

海带能够阻止机体对放射性元素锶的吸收，锶对人体危害很大，会损伤骨骼，破坏其造血功能，影响孩子骨骼生长。

助长高吃法

　　食用量：一般来讲，一星期吃 1~2 次、一次吃 100~150 克海带即可。海带性寒，不宜多吃。

　　烹调方法：适合海带的烹调方法有很多，可选择凉拌、炖煮、热炒等。

搭配指南：海带和生菜搭配可以促进铁吸收，有效预防缺铁性贫血；和豆腐搭配营养美味，补碘、补钙，促进长高。

妈妈常见疑问：
干海带不易泡发怎么办

可在泡发海带时加入一些小苏打或食用碱，这样海带易发、易洗，而且在烧煮时比较容易软烂。

挑选与储存

挑选

▶ 挑选海带时，最好选择表面有白色粉末状物质的，因其含有丰富的碘与甘露醇。除此之外，可选择叶片宽厚或者紫中带黄的海带。

储存

▶ 保鲜盒中加水没过海带，放入冰箱的保鲜层，每1~2天换一次水，可保存一周时间；控干水分，卷成海带卷，放入冰箱冷冻室中可长时间保存。

土豆拌海带丝

（适合年龄：1岁以上的孩子）

原料：

鲜海带丝150克，土豆100克，辣椒油、蒜末、醋、盐各适量。

做法：

①海带丝洗净；土豆洗净，去皮，切成丝，两者均放入沸水锅中焯一下，捞出。

②将海带丝与土豆丝放一起，加入蒜末、醋、辣椒油和盐，拌匀，即可。

营养功效：海带富含钙、碘等，能够促进儿童骨骼生长、预防甲状腺肿大。

根据孩子实际情况，酌情加辣椒油。

海带排骨汤

（适合年龄：1岁以上的孩子）

原料：

排骨段300克，水发海带丝90克，姜片、葱段、料酒、胡椒粉、盐各适量。

做法：

①锅中加水，放入排骨段，淋入料酒，轻微搅拌，用大火略煮，汆去血水捞出。

②砂锅中注水煮沸，倒入排骨，放入葱段、姜片与洗净的海带丝，淋入料酒，煮沸后转小火煮至食材熟透。

③加入少许盐，撒上适量胡椒粉，拌匀，煮至汤汁入味，即可。

营养功效：此汤可促进骨骼发育。

菜花

　　菜花之所以被称为"明星"食材，是因为其钙含量可与牛奶相媲美。另外，菜花中胡萝卜素和维生素 B_2 含量都非常高。由此不难看出，菜花的食用价值很高。

营养分析

　　主要营养成分：菜花含有丰富的蛋白质、钙、磷、胡萝卜素、维生素 C、维生素 B_2、维生素 B_6、蔗糖等营养物质。

　　增高功效：菜花中丰富的维生素 C，是骨骼与结缔组织的主要组成要素，对骨胶原的形成很重要，经常食用可帮助孩子长高。让孩子多吃菜花，可补充丰富的维生素 C，增强孩子肝脏的解毒能力，提升其免疫力；其含有的维生素 K 则能够增强血管弹性，促进血液正常凝固。

菜花含有 B 族维生素，适量食用不仅能为神经系统提供营养，还能提高孩子的睡眠质量。

菜花营养丰富，口感好，可以为孩子提供身体发育所需的多种营养。

助长高吃法

食用量： 建议每天吃 200~300 克菜花，当然，不可以每天都吃同一种蔬菜，需时常调换蔬菜种类，丰富营养。

烹调方法： 适合菜花的烹调方式有很多种，如炒、炖、煮、蒸等。

搭配指南： 菜花和牛腩搭配能够促进维生素 B_{12} 的吸收；和里脊肉搭配能够提升人体对蛋白质的吸收率。

妈妈常见疑问：
如何清洗菜花

菜花在运输、贩卖的过程中难免被弄脏，且比较难洗，那么该如何清洗才会干净呢？

首先，用流水反复冲洗整个菜花，挑去冲不掉的杂质，并用小刀削去表面洗不掉的脏处；然后，将菜花掰成小朵，放入提前准备好的淘米水中，浸泡3~5分钟；最后，用清水冲净，炒之前可用热水焯一下。

挑选与储存

挑选

▸ 应选择白色或者乳白色，干净、紧实且保留部分叶片的菜花，而且叶片也需要是新鲜、饱满的。

储存

▸ 尽量买一次食用的量，保证新鲜。如果未吃完可将菜花先放入保鲜袋，暂放冰箱冷藏室，记得尽快吃完。

西红柿炒菜花

（适合年龄：1岁以上的孩子）

原料：

菜花250克，西红柿120克，水淀粉、白糖、盐各适量。

做法：

①菜花洗净，掰朵；西红柿洗净，切块。

②锅中注水烧开，放入菜花，淋入少许油，搅拌均匀，煮至断生，捞出。

③油锅烧热，倒入菜花与西红柿，大火快炒，加水淀粉、白糖、盐，炒匀，即可。

营养功效：菜花含有丰富的维生素C、钙质，能够维护骨骼、肌肉的正常生长。

蛋茸菜花汤

（适合年龄：1岁以上的孩子）

原料：

菜花150克，鸡蛋2个，盐适量。

做法：

①菜花掰成小朵，洗净，焯烫后捞出。

②1个鸡蛋磕入碗中，打成蛋液；另一个鸡蛋煮熟，捞出去壳，切成条状。

③油锅烧热，放入菜花稍微煸炒，加水烧开，将蛋液淋入汤中煮开，放入盐、鸡蛋条拌匀，即可。

营养功效：菜花含有膳食纤维、维生素A等营养素，可促进肠道蠕动，增强孩子免疫力。

鸡蛋是促进孩子长高的优秀食材。

青椒

青椒中含有丰富的维生素 C，不仅能够提高孩子免疫力，还能够保护孩子的牙齿、牙龈，让孩子茁壮成长。

营养分析

主要营养成分：青椒中含有蛋白质、糖类、维生素 B_1、维生素 P、钾、镁、磷等营养物质。

增高功效：作为一种维生素 C 含量较高的蔬菜，能增强孩子的运动机能，促进其骨骼生长。而且，青椒具有改善机体造血功能、帮助消化的作用。青椒含有促进维生素 C 吸收的维生素 P，维生素 P 还能够强健毛细血管，改善机体的造血功能。另外，青椒中含有的辣椒素能促食欲，助消化。

青椒肉厚，辣味较淡或根本不辣，相比辣椒更适合小朋友食用。

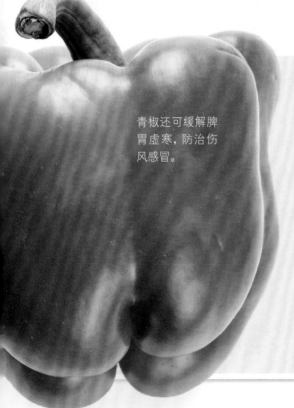

青椒还可缓解脾胃虚寒，防治伤风感冒。

助长高吃法

食用量：建议一周食用 2 次，每次 100~200 克青椒。

烹调方法：青椒适合的烹调方法有很多，如炒、凉拌等。

搭配指南：青椒和鸡翅搭配能帮孩子有效补充维生素 C；和紫甘蓝搭配可促进胃肠蠕动，让孩子远离便秘困扰。

妈妈常见疑问：
怎么让青椒好看又好吃

很多妈妈都有这样的困惑，为什么青椒炒出后变得发黄发黑呢？这让孩子对吃青椒失去兴趣。那么该如何解决这个问题呢？可以将青椒放入加热到 90℃的 5% 配比的碱水中，浸泡 3~4 分钟，捞出再烹饪，就会好看又好吃了。

挑选与储存

挑选

▶ 选择饱满的青椒，即外观新鲜、明亮、肉厚的青椒，顶端的柄也需要是新鲜绿色的。

储存

▶ 尽量买一次食用的量，保证新鲜。如果未吃完，不要将青椒蒂摘除，应整个放入保鲜袋中，再放入冰箱冷藏室中保存。

青椒茄子

（适合年龄：1 岁以上的孩子）

原料：

茄子 120 克，青椒 50 克，花椒、蒜末、水淀粉、白糖、盐各适量。

做法：

①茄子洗净，切块；青椒洗净，切块。

②油锅烧热，倒入茄子块，中小火略炸后放入青椒块，炸出香味，捞出，沥干油。

③油锅烧热，倒入花椒、蒜末炒香后，倒入炸好的茄子、青椒，翻炒均匀，加白糖、盐、水淀粉，炒匀至入味，即可。

营养功效：青椒含有维生素 P、铁等成分。

青椒炒鳝段

（适合年龄：1 岁以上的孩子）

原料：

黄鳝、青椒各 200 克，蒜蓉、姜丝、料酒、酱油、盐各适量。

做法：

①黄鳝洗净切段，加盐、料酒腌 10 分钟左右；青椒洗净，去子，切成滚刀块，待用。

②油锅烧热，爆香姜丝，倒入黄鳝段翻炒约 30 秒，盛出备用。

③蒜蓉炝锅，依次放青椒块、黄鳝段炒熟，加料酒、酱油、盐，翻炒入味，即可。

营养功效：增强儿童免疫力，提高记忆力。

应根据孩子的实际情况，酌情使用花椒。

鳝鱼有刺，给小孩子喂食时应注意。

大白菜

　　大白菜虽然是极为常见的一种食材，但是营养价值很高。大白菜含有丰富的蛋白质与钙质，可为成长期的孩子提供所需的多种营养素。

营养分析

　　主要营养成分：大白菜中含有蛋白质、脂肪、膳食纤维、胡萝卜素、维生素 A、维生素 B_1、维生素 B_2、钙等营养成分。

　　增高功效：大白菜中含有的钙质与维生素 C，能够为骨骼发育提供营养，使骨骼钙化。除此之外，其含有的维生素 A 对促进骨骼正常生长与发育有重要意义。大白菜还有促进肠道蠕动、通便的作用，大白菜中含有的钾能够将体内的盐分排出体外；含有的膳食纤维能够促进肠道蠕动，帮助消化，预防孩子大便干燥。

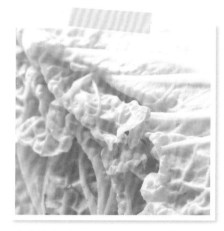

大白菜对胃肠黏膜具有保护作用，对十二指肠溃疡及肾虚引起的腰酸腿痛患者有食疗作用。

大白菜汁具有利大小便、和中止嗽的功效。

助长高吃法

食用量：建议每天吃 200~300 克大白菜，但一定要注意食材的多样性，这样才能够保证营养的丰富性。

烹调方式：炖、炒、拌、熘以及做馅都是适合大白菜的烹饪方法。

搭配指南：大白菜和蚕豆搭配能够提升孩子的抵抗力，远离生病困扰；和猪肝搭配能够起到缓解眼疲劳、补肝明目的作用。

妈妈常见疑问：
白菜上长黑点还能吃吗

有时候可能会看到白菜上长黑点，那么长黑点的白菜到底能不能吃呢？

实际上长黑点的原因不是单一的，如果是绿叶上长黑点，用清水能洗掉，这就说明白菜是能吃的；如果是绿叶和白菜帮都有黑点，且洗不掉，加上边缘变色，这是发生了霉变，不建议食用。

挑选与储存
挑选
▶ 应根据根切口部来判断大白菜是否新鲜，可选切口水嫩、无隆起，且卷叶坚实有重量感的大白菜。

储存
▶ 夏天只需买一次食用的量，多的可放入冷藏室储存。作为常见冬储蔬菜，可选择在干燥背风、排水良好的地方存放。另外，还应及时挑出病菜、坏菜。

木耳炒白菜
（适合年龄：1岁以上的孩子）

原料：

白菜 200 克，泡发木耳 50 克，醋、酱油、盐各适量。

做法：

①木耳洗净，掰小朵；白菜洗净，切片。

②油锅烧热，放入切好的白菜，加少量盐，翻炒至白菜软烂，放入木耳，翻炒，加醋、酱油与盐，翻炒均匀，即可。

营养功效：白菜含有的膳食纤维可增强肠道蠕动，帮助人体消化与排毒；木耳中含有的胶质同样可助身体排毒。

白菜炖豆腐
（适合年龄：1岁以上的孩子）

原料：

白菜 250 克，豆腐 100 克，瘦肉 50 克，酱油、盐各适量。

做法：

①豆腐洗净，切块；白菜洗净，切段；瘦肉洗净，切片。

②油锅烧热，放入瘦肉片煸炒，至熟透，放入酱油、豆腐块，加适量水炖煮 5 分钟左右，至入味。

③放入白菜块，炒匀，盖上盖焖煮 5 分钟左右，放入盐，翻炒均匀，即可。

营养功效：白菜含有丰富的维生素 A，能够促进孩子牙齿与骨骼生长。

豆腐富含钙、铁等矿物质，可助孩子骨骼生长。

第三章
营养均衡，不错过孩子长高的每个阶段

每个阶段的孩子对营养的需求与侧重点是不同的，父母需要根据实际情况来为孩子搭配营养全面、均衡的饮食。这一章将为家长详细介绍适合孩子各个阶段的食谱，让家长不再为该给孩子做些什么吃而发愁。

婴儿期(0~1岁)

婴儿期是宝宝骨骼生长最活跃的时期,出生第一年,大约长高 25 厘米。因此,一定要对宝宝的喂养给予充分的重视。除此之外,还要保证宝宝有充足的睡眠,只有这样才能够为孩子长个儿提供有力保障。

标准身长

婴儿期男宝宝和女宝宝的标准身长是不同的,下面将以表格的形式直观地展示出来,让父母一目了然。

婴儿期男宝宝标准身长表

年龄	身高 / 厘米		
	− 2SD	中位数	+2SD
出生	46.9	50.4	54.0
2 个月	54.3	58.7	63.3
4 个月	60.1	64.6	69.3
6 个月	63.7	68.4	73.3
9 个月	67.6	72.6	77.8
12 个月	71.2	76.5	82.1

婴儿期女宝宝标准身长表

年龄	身高 / 厘米		
	− 2SD	中位数	+2SD
出生	46.4	49.7	53.2
2 个月	53.2	57.4	61.8
4 个月	58.8	63.1	67.7
6 个月	62.3	66.8	71.5
9 个月	66.1	71.0	76.2
12 个月	69.7	75.0	80.5

注:SD(standard deviation)是"标准差"的英文缩写,即标准偏差。身高在 +2SD 与 −2SD 之间算正常。临床定义低于标准身高的 −2SD 即诊断为矮小症。

影响婴儿期宝宝长高的主要因素

母乳

对于新生儿来讲,母乳肯定是最好的选择。新生儿的免疫力较差,母乳尤其是初乳能够在很大程度上增强婴儿的免疫力,这是由于初乳中含有母体的免疫球蛋白,可帮助宝宝建立早期的免疫系统。如果宝宝免疫力差,就会容易生病,影响其成长。所以此时的妈妈需要合理饮食、适当运动、增强体质,这样其乳汁才能够为宝宝提供所需的各种营养。

睡眠

0~1 岁婴儿的睡眠时间是很长的，最初每天要睡 18 个小时左右，然后慢慢减少睡眠时间。如果婴儿睡眠不足，会影响生长激素的分泌，从而导致宝宝比其他同龄的婴儿矮，还会导致婴儿抵抗力变弱，易感冒、发热，引起其他问题，导致整体生长发育受影响。这一阶段的宝宝最常出现的问题就是整个睡眠周期紊乱，日夜颠倒，即白天睡不醒，晚上睡不着。因此，父母需要引导宝宝形成良好的睡眠习惯，这样不仅能够让宝宝健康成长，还能够减轻父母照顾宝宝的辛苦。

佝偻病

因维生素 D 缺乏引起佝偻病，是这一阶段婴儿较为常见的一种病症。这种病症会导致宝宝发育迟缓，影响宝宝长高。人体绝大部分的维生素 D 可通过阳光照射获得，所以，晴天时适当地增加宝宝的户外活动时间、晒晒太阳是非常有必要的，能够让宝宝身体更健康、强壮。

这样吃促长高

对于婴儿期的宝宝来讲，母乳及配方奶粉是其主要营养来源，因此，保证妈妈的营养以及选择合适的配方奶粉是很重要的。

世界卫生组织最新婴儿喂养报告提倡前 6 个月纯母乳喂养，6 个月后可在母乳喂养的基础上添加辅食。这样做可降低宝宝感染肠胃炎、肺炎等疾病的风险，增强婴儿抵抗力，少生病才能够长得快。

无论是人工喂养，还是混合喂养，婴儿出生 15 天左右，就可以补充维生素 D，帮助宝宝吸收钙质，预防佝偻病。在婴儿身体健康的条件下，满 6 个月后就可以试着添加辅食了。

需注意的是，1 岁前的辅食中不要加盐、糖和其他调味料，因为这样会破坏宝宝味觉的敏感性，增加未来患高血压的风险。

母乳是婴儿期宝宝获得营养的最好来源，因此提倡母乳喂养。

长高食谱

父母为宝宝添加合适的辅食，让其获得更全面的营养，才能够助其茁壮成长。比如，刚刚能够添加辅食的宝宝，可以添加一些米糊类、果泥类的辅食。

扫一扫，看视频

肉糜粥

原料：瘦肉 60 克，小白菜 45 克，米粉 65 克。

做法：①小白菜洗净切段；瘦肉洗净切丁。②取料理机，放肉丁搅成泥状。③料理机中加水与菜段，榨汁。④按说明冲泡米粉。⑤锅中放入肉泥和小白菜汁煮熟，加入米糊拌匀，即可。

营养功效：此粥富含蛋白质与钙。

玉米浓汤

原料：鲜玉米粒 100 克，配方牛奶 150 毫升。

做法：①取榨汁机，倒入洗净的玉米粒，加水，制成汁，倒出。②锅烧热，倒入玉米汁，用小火煮至沸腾，微凉后倒入配方牛奶，拌匀，即可。

营养功效：配方牛奶可补充钙质，同时易于吸收，但不能用超过 60℃ 的水冲调，否则营养容易流失。

虾泥

原料：鲜虾 150 克。

做法：①鲜虾洗净，去头，去壳，去虾线，剁成虾泥后放入碗中。②在碗中加入少许水，上锅隔水蒸熟，即可。

营养功效：虾含有丰富的镁、磷、钙，能够促进宝宝牙齿与骨骼的生长发育，增强体质。

'宝'宝睡得好会更聪明

有研究表明，婴儿在熟睡之后，脑部血液流量会明显增加，从而促进宝宝脑蛋白质的合成及智力的发育。因此，在保证营养供给的情况下，也要保证婴儿的睡眠时间，这样才能使宝宝大脑发育更好。

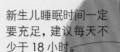

新生儿睡眠时间一定要充足，建议每天不少于 18 小时。

香蕉蛋黄糊

原料：香蕉 50 克，胡萝卜 50 克，鸡蛋 1 个。

做法：①锅中放入鸡蛋煮熟，取蛋黄，备用。②香蕉去皮，切块；胡萝卜洗净，去皮，切块，蒸熟，备用。③将上述材料压成泥，加温开水调成糊状，放在锅中蒸 2 分钟，即可。

营养功效：蛋黄中的卵磷脂可增强宝宝机体代谢功能与免疫功能。

芝麻米糊

原料：大米 100 克，白芝麻 60 克。

做法：①平底锅中放入大米、白芝麻同炒至熟，碾碎。②锅中放入芝麻米粉，加水，大火煮沸，转小火熬煮成芝麻米糊，即可。

营养功效：白芝麻含有丰富的钙、蛋白质，可促进宝宝骨骼发育。

胡萝卜肉末羹

原料：胡萝卜 100 克，猪肉 50 克。

做法：①猪肉洗净，切成碎末，备用。②胡萝卜洗净，去皮，切块，放入料理机中搅成泥。③肉末放入胡萝卜泥中，搅拌均匀，上锅蒸熟，即可。

营养功效：胡萝卜富含 β-胡萝卜素，在人体内能转化为维生素 A，可缓解眼疲劳、干涩。

西红柿鸡肝泥

原料:

鸡肝 60 克,西红柿 150 克。

做法:

①鸡肝用水浸泡(若嫌腥,可放入柠檬汁或芹菜叶去腥),约 30 分钟后放入冷水锅中,煮熟,切成碎末。

②西红柿洗净划十字刀,用开水烫一下,去皮,切碎放入碗中,倒入鸡肝末,搅拌成泥糊状,上锅蒸熟,即可。

营养功效:西红柿含有丰富的维生素 C 与维生素 A,可维持骨骼的正常发育;鸡肝含有丰富的蛋白质、钙、磷、铁等,能够预防宝宝发生缺铁性贫血。

豌豆糊

原料:

豌豆 100 克,鸡汤 200 毫升。

做法:

①锅中注入清水,倒入豌豆,水烧开后用小火煮 15 分钟左右,捞出备用。

②用榨汁机,选择搅拌刀座组合,倒入豌豆、100 毫升鸡汤,选择"搅拌"功能,制成豌豆鸡汤汁,备用。

③将剩余 100 毫升鸡汤倒入锅中,加入豌豆鸡汤汁,用勺搅散,小火煮沸,搅拌均匀,即可。

营养功效:豌豆含有不饱和脂肪酸、蛋白质、膳食纤维、胡萝卜素等营养成分,对脂肪代谢有改善作用,可预防肥胖,对宝宝长高有利。

小米南瓜粥

原料:

小米 80 克，南瓜 100 克。

做法:

①小米洗净，泡发 30 分钟。

②南瓜洗净，去皮、去子，切成小块，备用。

③南瓜块与小米放入锅中，加水，大火煮沸，转小火煮至南瓜、小米软烂，即可。

营养功效：小米含有蛋白质、膳食纤维等营养成分，能够起到健胃消食的作用；南瓜富含胡萝卜素，对宝宝视力有益。

菠菜猪肝泥

原料:

猪肝 60 克，菠菜 100 克。

做法:

①猪肝洗净，去除筋膜，用刀或者边缘锋利的勺子刮成泥，备用。

②菠菜洗净，选出较嫩的叶子，在开水中焯 2 分钟左右，捞出凉凉，切末，待用。

③将猪肝泥与菠菜末放入锅中，加入清水，用小火煮，需边煮边搅拌，至猪肝泥熟烂，即可。

营养功效：猪肝能够增强宝宝的免疫力；菠菜含有丰富的膳食纤维，可有效预防宝宝便秘。

白菜烂面条

原料:

宝宝面条 70 克,白菜 60 克。

做法:

①洗净白菜,锅中注入清水,烧开,将白菜焯一下,捞出,凉凉切碎,备用。

②面条掰碎,放入沸水锅中,煮至软烂,放入白菜碎,煮熟,即可。

营养功效:白菜含有丰富的钙,具有促进宝宝骨骼及牙齿生长的功效。

鱼菜泥

原料:

鱼肉 70 克,青菜 100 克。

做法:

①鱼肉与青菜洗净,剔除鱼肉中的刺,两者均切成末,放入锅中蒸熟。

②蒸好的鱼肉末、青菜末中加入适量白开水,搅拌均匀,即可。

营养功效:鱼肉含有丰富的蛋白质;青菜含有较多维生素,两者搭配既能够提高宝宝免疫力,又能够促进宝宝脑部发育。

芹菜鱼肉汤

原料：

鱼肉 100 克，芹菜 60 克，肉汤适量。

做法：

①芹菜洗净，切碎，备用。

②鱼肉洗净，去皮、去刺，放入开水锅中煮熟后捣碎。

③锅中加肉汤，煮沸后放入鱼肉碎，然后再放入芹菜碎，煮熟，即可。

营养功效：鱼肉富含 DHA，可以促进宝宝的智力发育；芹菜的特殊香味能够刺激宝宝味觉，促进食欲。

大米绿豆粥

原料：

大米 80 克，绿豆 20 克。

做法：

①大米淘洗干净，浸泡 30 分钟；绿豆洗净，提前浸泡一晚。

②锅中倒入大米、绿豆与水，煮至食材全部熟透，即可。

营养功效：此粥具有补充 B 族维生素，增加宝宝食欲的作用。

红薯蛋黄泥

原料:

红薯 150 克,鸡蛋 2 个。

做法:

①红薯洗净,蒸熟后去皮,切成小块后,再用勺背压成泥,待用。

②鸡蛋煮熟,去壳,取出蛋黄,将蛋黄用勺背压成泥,然后将其放入红薯泥中,搅拌均匀,即可。

营养功效:红薯含有较高的赖氨酸和精氨酸,具有提高宝宝抵抗力的作用。

蛋黄香菇粥

原料:

大米 60 克,鲜香菇 60 克,鸡蛋 2 个。

做法:

①大米淘洗干净后,浸泡 1 小时左右。

②鸡蛋磕入碗中,取蛋黄搅成蛋液,备用。

③鲜香菇洗净,去蒂,切成丝状待用。

④将大米与香菇丝放入锅中,注水大火煮沸后,转小火煮至粥熟,倒入蛋液,搅拌均匀,即可。

营养功效:香菇不仅味道鲜美,而且含有较多的维生素 D,宝宝适量吃可帮助体内钙吸收,促进骨骼发育。

黑白粥

原料：

大米、黑米、山药各 50 克，百合 20 克。

做法：

①山药洗净，去皮，切块备用；百合洗净，掰成瓣，备用。

②将黑米、大米洗净，泡入水中，备用。

③锅中注入适量清水，煮沸，放入大米、黑米，熬成粥后放入百合瓣、山药块，转小火煮至食材软烂，即可。

营养功效：宝宝经常食用此粥可起到滋阴润肺的作用，适合干燥季节喝。

白菜猪肉饺子

原料：

白菜 60 克，肉末 100 克，鸡蛋 2 个，饺子皮、葱花、高汤各适量。

做法：

①白菜洗净，剁碎，挤出部分水分，备用。

②鸡蛋磕入碗中，取蛋黄，并用油炒熟待用。

③将白菜末、余下蛋清与肉末一同放入大碗中，加入熟蛋黄、葱花拌成馅后放入饺子皮中，包成饺子。

④锅中放入高汤，煮沸，放入饺子，煮沸后再加少量冷水（反复 3 次以上），盛出，即可。

营养功效：肉末和白菜搭配，能够促进宝宝骨骼及牙齿发育，提高宝宝免疫力。

鸡蓉豆腐球

原料：

鸡胸肉 60 克，豆腐 100 克，胡萝卜适量。

做法：

①鸡胸肉、豆腐洗净，剁成泥；胡萝卜洗净，切末，放在一起搅拌均匀，待用。

②将混合泥捏成小球（捏成适合宝宝食用的大小），放入沸水锅中隔水蒸 20 分钟左右，即可。

营养功效：豆腐含有丰富的植物蛋白；鸡肉含有丰富的动物蛋白，搭配食用能够促进宝宝器官的正常生长发育。

西红柿鳕鱼泥

原料：

鳕鱼肉 100 克，西红柿 100 克，淀粉适量。

做法：

①鳕鱼肉洗净，去皮、去刺，剁碎放入碗中，加入淀粉，搅拌成泥，备用。

②西红柿洗净，切丁，用料理机打成西红柿泥。

③锅中放适量油，加热，倒入打好的西红柿泥，翻炒均匀，然后加入鳕鱼泥，快速搅拌至鱼肉熟透，即可。

营养功效：鳕鱼含有丰富的维生素 A、维生素 D、DHA等，能够促进钙质吸收，辅助宝宝智力发育；西红柿口味酸甜，可促进宝宝食欲。

鸡汤南瓜土豆泥

原料：

南瓜 100 克，土豆 1 个，鸡汤适量。

做法：

①土豆、南瓜全部洗净，去皮，切成小块，放入蒸锅蒸熟，压成泥状。

②在南瓜土豆泥中加入适量鸡汤，搅拌均匀，即可。

营养功效：南瓜含有维生素、膳食纤维、磷及人体所需的多种氨基酸；土豆含有大量的蛋白质和 B 族维生素，两者搭配食用能够增强宝宝免疫力。

山药粥

原料：

山药 40 克，大米 60 克。

做法：

①大米洗净，浸泡 30 分钟。

②山药洗净，去皮，切块，放入锅中蒸 10 分钟左右，取出，捣成泥，待用。

③锅中放入泡好的大米，加水用大火煮沸，转小火慢煮后放入山药泥，煮至粥软烂，即可。

营养功效：山药含有丰富的蛋白质、维生素 C、碳水化合物等，可为宝宝补充所需营养与能量，而且山药对宝宝脾胃消化功能也是有益的。

大脑发育所需的营养

　　一般提倡儿童要吃肉、多吃些鸡蛋、喝些牛奶等，对智力发育有好处，其实主要是因为这些食物含卵磷脂、胆碱、磷脂、蛋白质、维生素等，这些营养物质对大脑发育有帮助。此外，还要给孩子多吃蔬菜和水果，养成孩子不挑食、不偏食的习惯，这样才能营养均衡，促进大脑发育。

扫一扫，看视频

奶香芝麻羹

原料：配方奶 150 毫升，黑、白芝麻各 50 克。

做法：①黑、白芝麻洗净，待干后用小火炒熟，研磨成细末。②加热配方奶，注意别超过 60℃，放入黑、白芝麻末，调匀，即可。

营养功效：芝麻中含有丰富的卵磷脂，有助于大脑发育。

土豆苹果糊

原料：土豆 80 克，苹果 80 克。

做法：①苹果洗净，去皮、去核，用料理机打成泥状，待用。②土豆洗净，去皮，蒸熟后捣成土豆泥，待用。③苹果泥中倒入土豆泥，加适量温开水，搅拌均匀，即可。

营养功效：土豆和苹果搭配食用，不仅能够为宝宝补充所需营养，而且口感也很受宝宝欢迎。

苹果芹菜汁

原料：苹果 80 克，芹菜 50 克。

做法：①芹菜洗净，切成小段，备用。②苹果洗净，去皮、去核，切块，备用。③将食材放入榨汁机中，加适量温开水榨汁，即可。

营养功效：苹果与芹菜含有较多的膳食纤维，可以促进宝宝消化吸收。

辅食的"色、香"很重要

随着时间的推移，宝宝各个器官发育日趋成熟，对颜色、气味都有了一定的感知。所以爸爸妈妈在做辅食时，需尽量做到色、香、味俱全，同时尽量保留食物的原始味道。

因宝宝还小，消化系统较脆弱，所以制作辅食时尽量不放调味品。

| 肝末鸡蛋羹 | 油菜泥 | 蛋黄碎牛肉粥 |

肝末鸡蛋羹

原料：熟鸡肝80克，鸡蛋1个。

做法：①熟鸡肝压成泥，备用。②鸡蛋磕入鸡肝泥碗中，加入适量温开水，搅拌均匀，隔水蒸7分钟左右，即可。

营养功效：鸡肝含有易于人体吸收的铁元素，与蛋黄一同食用，可在预防贫血的同时，促进宝宝大脑发育。

油菜泥

原料：油菜150克。

做法：①油菜择洗干净，沥水备用。②锅中加适量清水，待水煮沸后，放入油菜，煮5分钟，捞出，凉凉并切碎。③料理机中放入油菜碎，加水打成泥，即可。

营养功效：经常食用油菜，可起到强健骨骼与牙齿的作用。

蛋黄碎牛肉粥

原料：大米、牛肉末各80克，鸡蛋1个。

做法：①鸡蛋磕入碗中，取出蛋黄搅散。②油锅烧热，倒入牛肉末，翻炒至熟，盛出。③大米洗净，加适量清水，熬煮成粥，快熟时，放入蛋黄液、熟牛肉末，搅拌均匀，略煮，即可。

营养功效：牛肉中富含多种氨基酸，有益于宝宝健脑。

幼儿期(1~3岁)

研究显示，根据幼儿期的身高(幼儿期内，长高15~20厘米)是能够推算出孩子未来身高的，由此能够看出，幼儿期的骨骼发育对成年后的身高是有很大影响的。因此，父母一定要重视幼儿期的饮食营养，别让饮食拖宝宝长高的"后腿"。

标准身长

幼儿期的男宝宝、女宝宝标准身长如下表所示。

幼儿期男宝宝标准身长表

年龄	身高/厘米		
	− 2SD	中位数	+2SD
15个月	74.0	79.8	85.8
18个月	76.6	82.7	89.1
21个月	79.1	85.6	92.4
2岁	81.6	88.5	95.8
2.5岁	85.9	93.3	101.0
3岁	89.3	96.8	104.6

幼儿期女宝宝标准身长表

年龄	身高/厘米		
	− 2SD	中位数	+2SD
15个月	72.9	78.5	84.3
18个月	75.6	81.5	87.7
21个月	78.1	84.4	91.1
2岁	80.5	87.2	94.3
2.5岁	84.8	92.1	99.8
3岁	88.2	95.6	103.4

影响幼儿期宝宝长高的主要因素

母乳及牛奶

原则上，2岁之前还是可以母乳喂养的。如果想给孩子断奶，可以将母乳换成牛奶(有乳糖不耐症的孩子可以寻求儿科医生和营养师的帮助，为孩子选择可以替代牛奶的一些产品)，为孩子补充所需钙质，帮助孩子成长。但需注意的是，孩子牛奶的摄入量不宜过多(每天不高于750毫升)。如果摄入过多，就会影响孩子对辅食的摄入，不利于孩子养成良好的饮食习惯。

睡眠

　　1~3 岁的孩子每天的睡眠时间应保持在 12~14 小时，当然，具体情况因人而异。有的孩子即便睡得少，醒了之后依旧精神满满，这样也是可以的，所以父母不必过于纠结少睡或者多睡半小时。当然也可以给孩子听一些舒缓的音乐，将房间的灯光调暗一些等，为孩子提供良好的睡眠环境，让孩子快速入睡有保障，同时也有助于生长激素的分泌。

运动

　　幼儿期的孩子可以进行一些简单的运动了，父母可以带他们多参与户外运动，多晒太阳。这样不仅能够促进维生素 D 合成，还能够增强孩子体质，提高免疫力，避免发胖，促进孩子成长。

这样吃促长高

　　幼儿期的宝宝可以吃的食物越来越多，而且食物选择范围越宽泛，所摄入的微量元素、矿物质种类及数量越多。因此，家长在准备辅食时，需要注意品种、色泽及荤素的搭配，以增加宝宝对食物的兴趣。只有宝宝爱吃饭了，才能够获得全面的营养，才能够为长高添"动力"。

　　需要注意的是，这一阶段应当注意宝宝规律饮食习惯的培养，避免让宝宝养成挑食或者偏食的坏习惯。这样才能够让宝宝膳食均衡、营养全面，才能够让宝宝"扎实"地长高。

食物软烂、营养均衡是爸妈制作饭菜的基本标准。

长高食谱

幼儿期的宝宝可以吃一些促进骨骼生长的食物,且这一时期的宝宝可吃的食物变多,所以父母可以为孩子制作花样更多、口味更丰富的辅食了。另外,按压相应穴位,可刺激宝宝骨骼间的软骨部分,使其运输营养更充分,从而促进骨骼生长。

扫一扫,看视频

白玉金银汤

原料:鲜香菇60克,鸡肉80克,菜花80克,鸡蛋2个,盐适量。

做法:①鸡蛋磕入碗中,搅成蛋液。②鲜香菇洗净,去蒂,切丁;鸡肉洗净,切成丁。③菜花洗净,掰成朵。④锅中加少量水煮沸,放香菇丁、鸡丁、菜花煮熟,最后淋上蛋液焖至熟透,加盐调味,即可。

营养功效:此汤富含蛋白质、钙等。

五彩玉米

原料:玉米粒100克,黄瓜100克,胡萝卜50克,松子仁20克,盐适量。

做法:①胡萝卜、黄瓜洗净,切丁;玉米粒、松子仁洗净,备用。②锅中加油烧热,放入备好的胡萝卜丁、松子仁、玉米粒、黄瓜丁,翻匀炒熟后,加盐调味,即可。

营养功效:玉米富含膳食纤维,可刺激胃肠蠕动,防治宝宝便秘。

青红萝卜猪骨汤

原料:猪骨、青萝卜、胡萝卜各90克,枸杞子、葱段、高汤、盐各适量。

做法:①青萝卜、胡萝卜洗净去皮,均切块。②猪骨余烫后捞出。③砂锅注入高汤烧开,倒入猪骨、胡萝卜块、青萝卜块、葱段、枸杞子,略搅拌。④大火煮开后转中火煮2小时,加盐搅拌,即可。

营养功效:此汤可促进骨骼成长。

营养跟得上，成长不掉队

此阶段，营养全面、身体健康和良性刺激将为儿童大脑发育奠定良好的基础。所以这一时期的营养一定要跟上，才能为以后的学习和成长打下基础，学习能力跟得上，不掉队。

此时期宝宝每天睡眠时间达到12小时，白天才会活力满满，精神一整天。

蒸肉丸子

原料：土豆、牛肉末各90克，鸡蛋1个，白糖、淀粉、盐各适量。

做法：①鸡蛋打入碗中，搅成蛋液。②土豆洗净，去皮，蒸至软烂，取出压泥。③将牛肉末、土豆泥、白糖、蛋液、盐放入碗中拌匀，撒上淀粉搅成泥后捏成丸子，大火蒸熟，即可。

营养功效：此丸子富含蛋白质与能量，可促进宝宝长高。

奶香水果燕麦粥

原料：燕麦片75克，牛奶100毫升，猕猴桃、芒果、雪梨各50克。

做法：①雪梨、猕猴桃、芒果洗净，去皮与核，切块。②锅中注水烧开，倒入燕麦片，拌匀。③盖上盖，小火煮30分钟。④揭盖倒入牛奶，中火略煮，放入切好的各种水果拌匀，即可。

营养功效：燕麦富含维生素E，可预防近视；牛奶是补钙佳品。

意式蔬菜汤

原料：胡萝卜、南瓜、西蓝花、白菜各50克，洋葱30克，高汤、盐各适量。

做法：①将全部蔬菜洗净，备用。②胡萝卜、南瓜切丁；白菜、洋葱切碎；西蓝花掰成朵。③油锅烧热，放入洋葱碎，翻炒至软，放入剩余蔬菜，翻炒2分钟后倒入高汤烧开，转小火炖煮至食材全熟，加盐调味，即可。

营养功效：可提高机体免疫力。

苋菜粥

原料:

苋菜 70 克, 大米 90 克。

做法:

①苋菜洗净, 切碎, 备用。

②大米淘洗干净, 放入加水的锅中, 煮成粥, 再加入苋菜碎略煮, 即可。

营养功效: 苋菜含有易被人体吸收的丰富钙质, 可促进宝宝骨骼生长, 还含有丰富的铁和维生素 K, 适合缺铁性贫血的宝宝食用。

酸奶布丁

原料:

牛奶 100 毫升, 酸奶 50 毫升, 苹果丁 30 克, 草莓块 60 克, 吉利丁片适量。

做法:

①吉利丁片剪成小片, 放入清水中浸泡。

②牛奶加吉利丁片煮沸, 凉凉之后加酸奶混匀, 置入冰箱冷藏, 备用。

③定形后的酸奶布丁倒扣在盘中, 淋入酸奶, 点缀苹果丁、草莓块, 即可。

营养功效: 酸奶和牛奶均含有丰富的钙质, 帮助宝宝骨骼生长; 水果能够为宝宝提供所需维生素。

冬瓜肉末面条

原料：

龙须面 100 克，冬瓜 60 克，猪肉末 20 克。

做法：

①冬瓜洗净，去皮、去瓤，切成小丁，备用。

②锅中注入清水烧开，放入猪肉末、冬瓜丁、龙须面，大火煮沸，转小火焖煮，至食材软烂，即可。

营养功效：冬瓜与面条、猪肉一同食用，能够为宝宝提供所需的碳水化合物。

西蓝花胡萝卜粥

原料：

西蓝花 60 克，胡萝卜 50 克，大米 95 克。

做法：

①汤锅中注清水，烧开，倒入洗净、掰开的西蓝花煮 2 分钟，捞出，切碎，剁成末，备用。

②胡萝卜洗净，切粒备用；大米洗净，浸泡 30 分钟。

③汤锅中注水烧开，倒入大米，搅拌均匀，小火煮 30 分钟左右，至大米熟烂。

④倒入备好的胡萝卜粒，拌匀，用小火煮 5 分钟，至胡萝卜熟透后，放入西蓝花末，大火煮沸，即可。

营养功效：此粥含有丰富的蛋白质、碳水化合物、胡萝卜素，可为宝宝提供长高所需的多种营养素。

西葫芦炒西红柿

原料:

西葫芦 100 克, 西红柿 150 克, 蒜片、盐各适量。

做法:

①西葫芦洗净, 去皮, 切片; 西红柿洗净, 切小块, 待用。

②锅放油烧热, 放入蒜片爆香, 放入西红柿块、西葫芦片, 翻炒均匀, 关火闷 2 分钟左右, 加盐调味, 即可。

营养功效: 西葫芦含有丰富的膳食纤维, 可促进宝宝肠道蠕动; 西红柿含有丰富的维生素 A, 能够增强宝宝的抗病能力。

牛肉土豆饼

原料:

牛肉末 100 克, 土豆 100 克, 鸡蛋 2 个, 面粉、盐各适量。

做法:

①鸡蛋磕入碗中, 打成蛋液, 备用。

②土豆洗净, 去皮, 放入锅中蒸熟, 捣成泥, 备用。

③牛肉末加入土豆泥、盐, 搅拌均匀, 做成圆饼状, 表面裹层面粉, 待用。

④锅中放油, 烧热, 饼裹上蛋液放入锅中, 煎至饼全熟, 即可。

营养功效: 牛肉、土豆能够为宝宝提供所需蛋白质、热量, 增强宝宝免疫力、体力。

麦香鸡丁

原料：

鸡胸肉 150 克，燕麦片 50 克，白胡椒粉、淀粉、盐各适量。

做法：

①鸡胸肉洗净，切丁，加水、淀粉、盐，搅拌上浆备用。

②锅中倒油，烧至四成热，放入鸡丁滑炒捞出；烧至六成热，再放入燕麦片，炸至金黄，捞出待用。

③锅底留油，倒入鸡丁、燕麦片翻炒，加白胡椒粉、盐调味，炒匀，即可。

营养功效：此道菜可为宝宝提供所需蛋白质和钙。

小米蒸排骨

原料：

排骨 300 克，小米 100 克，料酒、冰糖、甜面酱、豆瓣酱、葱末、姜末、盐各适量。

做法：

①排骨洗净，斩段；豆瓣酱剁细；小米加水浸泡。

②排骨段加豆瓣酱、甜面酱、冰糖、料酒、盐、姜末、油拌匀。

③排骨段装入蒸碗内，放小米，大火蒸熟。

④取出蒸碗，扣入圆盘内，撒上葱末即可。

营养功效：小米搭配排骨食用，能够保证宝宝摄入丰富的营养，预防发育迟缓。

红豆饭

原料:

大米 100 克,红豆 50 克,熟黑、白芝麻各适量。

做法:

①红豆洗净,浸泡 3 小时左右,待用。

②洗净大米,与泡好的红豆放入电饭锅,加水煮成饭。

③将煮熟的饭盛出,撒上熟黑、白芝麻,即可。

营养功效:芝麻含有丰富的钙质,经常食用可促进宝宝骨骼生长。

松仁海带

原料:

松子仁 40 克,水发海带丝 100 克,高汤、盐各适量。

做法:

①松子仁洗净,海带丝洗净。

②锅中放入松子仁、海带丝、高汤,用小火炖熟,加盐调味,即可。

营养功效:松子仁含有钙、钾、不饱和脂肪酸等,能够为宝宝补充生长所需的多种营养物质,促进骨骼生长发育,提高免疫力;海带也含有较高的钙质,有助于处在生长期的宝宝骨骼生长。

西红柿厚蛋烧

原料：

鸡蛋 2 个，西红柿 150 克，盐适量。

做法：

①鸡蛋打入碗中，加少许盐打成蛋液，备用。

②西红柿洗净，切碎，与蛋液混合，搅匀待用。

③油锅烧热，将蛋液均匀地铺一层在锅底，固定之后卷起，再倒入一层蛋液，凝固之后继续卷。重复上述步骤，至蛋饼卷好，即可。

营养功效：鸡蛋搭配西红柿能够为宝宝提供所需的蛋白质、维生素 C、钙、磷等营养素，帮助宝宝健康成长。

茄汁虾

原料：

鲜虾 200 克，番茄酱、姜片、水淀粉、白糖、面粉、盐各适量。

做法：

①鲜虾洗净，剪去虾须与尖角，挑去虾线，放入面粉与盐抓匀。

②油锅烧热，放入姜片煸炒后，放入裹上面粉的虾，小火炸至金黄，捞出，控油。

③另起油锅，烧热，放入番茄酱、白糖、水淀粉、盐和适量水烧成浓汁，放入炸好的虾，翻炒均匀，即可。

营养功效：虾含有丰富的蛋白质、钙、镁，且肉质松软，易消化，是宝宝较为喜爱的一种食材。

紫菜虾皮南瓜汤

原料:

南瓜 100 克, 虾皮 5 克, 鸡蛋 1 个, 紫菜适量。

做法:

①鸡蛋磕入碗中, 搅成蛋液, 备用。

②南瓜洗净, 去皮、去瓤, 切块; 虾皮洗净, 备用。

③锅中注入清水, 放入虾皮与南瓜块, 煮至南瓜软烂, 再向锅中加入紫菜, 略煮, 之后加入鸡蛋液煮熟即可。

营养功效: 紫菜含较多碘、维生素 A、B 族维生素; 虾皮含有丰富的钙质; 南瓜含有丰富的膳食纤维, 三者搭配食用能够为宝宝补充所需营养。

西蓝花鹌鹑蛋汤

原料:

鹌鹑蛋 4 个, 西蓝花 100 克, 西红柿 50 克, 鲜香菇 5 朵, 火腿 50 克, 盐适量。

做法:

①西蓝花切小朵, 洗净, 放入沸水中焯烫 1 分钟后捞出。

②鹌鹑蛋煮熟剥皮; 鲜香菇去蒂, 洗净; 火腿切丁; 西红柿洗净, 切块。

③锅中放入鲜香菇、火腿丁, 加水煮沸, 转小火 10 分钟, 然后放入鹌鹑蛋、西蓝花块、西红柿块, 煮至食材全熟, 加盐调味即可。

营养功效: 鹌鹑蛋具有强身健脑、补益气血的功效; 西蓝花、香菇、西红柿能够为宝宝提供必需的多种维生素与矿物质。

柠香小黄鱼

原料：

小黄鱼3条，柠檬2片，葱末、姜末、蒜末、料酒、醋、白糖、酱油、盐、红椒丝各适量。

做法：

①小黄鱼去鳞、鳃、内脏，洗净，待用。

②油锅烧热，放入葱、姜、蒜末炒香，放入小黄鱼略煎，再加入柠檬片、白糖、料酒、醋、酱油、盐及适量水。

③用小火炖15分钟至入味、熟烂，点缀红椒丝，即可。

营养功效：小黄鱼含有丰富的蛋白质，可有效提升宝宝免疫力，助其健康成长。

素炒三鲜

原料：

茄子150克，土豆、黄甜椒、红甜椒各80克，姜丝、盐各适量。

做法：

①土豆洗净，去皮，切片；茄子洗净，切长条；黄甜椒、红甜椒洗净，去子，均切小块，备用。

②油锅烧热，放入土豆片，炸至金黄色，捞出，再放入茄子条炸软，捞出控油，备用。

③锅中留油，加入姜丝爆香，倒入黄甜椒块、红甜椒块、土豆片与茄子条炒熟，加盐炒匀，即可。

营养功效：这道菜含有丰富的维生素C，能有效预防宝宝感冒，为宝宝提供活动所需能量。

荞麦土豆饼

原料：

荞麦粉、面粉各 60 克，西蓝花、土豆各 40 克，配方奶 100 毫升。

做法：

①土豆洗净，去皮切片，上锅蒸熟后捣成泥。

②西蓝花洗净，放入开水锅中焯烫 1 分钟，捞出，切碎，待用。

③将所有食材放在一起，加适量水搅拌成较为黏稠的面糊，然后倒入不粘锅中，煎成小饼，即可。

营养功效：荞麦含有丰富的膳食纤维，可促进宝宝胃肠蠕动，防止便秘。

木耳炒鸡蛋

原料：

水发木耳 100 克，鸡蛋 2 个，红椒块、葱花、香油、盐各适量。

做法：

①鸡蛋磕入碗中，搅匀。

②油锅烧热，倒入蛋液，炒至凝固后盛出。

③另起油锅烧热，倒入木耳、红椒，翻炒至快熟时，倒入鸡蛋块，加盐、葱花炒匀，淋入香油拌匀，即可。

营养功效：木耳含有丰富的蛋白质，具有提高宝宝免疫力的功效。

洋葱炒鱿鱼

原料：

鲜鱿鱼 200 克，洋葱 100 克，青椒、红甜椒、黄甜椒、盐各适量。

做法：

①鲜鱿鱼洗净，切粗条，备用。

②洋葱、青椒、红甜椒、黄甜椒洗净，切块，待用。

③锅中加油，烧热，放入洋葱块、青椒块、红甜椒块、黄甜椒块，翻炒均匀，再放入鲜鱿鱼条，炒至食材全熟，加盐调味，即可。

营养功效：鱿鱼具有高蛋白、低脂肪、低热量的特点，可提升宝宝免疫力，预防肥胖。

丝瓜粥

原料：

丝瓜 50 克，大米 80 克，虾皮适量。

做法：

①大米洗净，浸泡 30 分钟。

②丝瓜洗净，去皮，切小块，虾皮洗净。

③锅中倒入大米、水，大火煮沸，转小火煮至米快熟，放入丝瓜块与虾皮，煮至食材全熟，即可。

营养功效：此粥营养丰富，还具有清热和胃、化痰止咳的功效。

促进宝宝大脑发育的食物

　　宝宝出生头几年是大脑发育的关键时期，补充足够的营养成分且保证各类营养摄取均衡非常重要，能够促进宝宝大脑发育的食物有脂质，如肉类、坚果类等；蛋白质，如鱼、肉、蛋、奶等；钙质，如牛奶、虾皮、蛋类等；多种维生素，如蔬菜、水果等。

扫一扫，看视频

玉米糊饼

原料：玉米粒 100 克，葱花、面粉、盐各适量。

做法：①将玉米粒洗净用料理机加水打碎，加适量面粉，搅成糊状，之后将葱花和盐放入玉米糊，拌匀。②油锅烧热，倒入玉米糊，煎成薄饼，待两面煎熟，点缀葱花即可。

营养功效：玉米胚中含有多种不饱和脂肪酸，能促进脑组织发育。

山药三明治

原料：山药 50 克，煮鸡蛋 1 个，培根 1 片，切片面包 2 片，沙拉酱适量。

做法：①山药蒸熟，去皮，压成泥；鸡蛋切成末。②培根煎熟，取出，切碎。③培根、山药、鸡蛋与沙拉酱拌匀，抹在面包片上，略压，切成三角形，即可。

营养功效：此三明治中含有磷、钙、钾等营养素，营养全面、丰富。

素菜包

原料：面粉 200 克，小白菜、鲜香菇各 60 克，酱油、香油、酵母各适量。

做法：①面粉中加酵母、水，和成面团醒发后，擀成圆面皮。②小白菜洗净，焯熟，切碎，挤去水分。③鲜香菇洗净，去蒂切碎，加入小白菜碎、香油、酱油，拌匀包入面皮中，蒸熟。

营养功效：小白菜、香菇可帮助孩子补充维生素 C 和 B 族维生素。

豆制品、鸡蛋营养丰富

豆制品与鸡蛋含有宝宝生长所需的两种主要营养素——蛋白质与钙质，为宝宝长高添动力、增活力，还能够增强宝宝身体免疫力。

对于宝宝来讲，豆制品与鸡蛋也比较好消化。

豆皮炒肉丝

原料：豆皮 100 克，瘦肉、青椒各 70 克，葱花、姜末、生抽、淀粉、盐各适量。

做法：①豆皮、青椒洗净切丝。②瘦肉洗净切丝，加葱花、姜末、淀粉、生抽腌制。③油锅烧热，放肉丝炒至变色，盛出。④锅中留油，放葱花煸香，加豆皮、青椒翻炒，放肉丝，加适量盐，翻炒至食材全熟，即可。

营养功效：此道菜富含蛋白质。

炒挂面

原料：挂面 100 克，胡萝卜 80 克，虾 3 个，青菜适量。

做法：①虾洗净，取虾仁，剁碎；青菜、胡萝卜洗净，切末。②挂面放入开水中煮熟，捞出备用。③油锅烧热，放入虾仁、胡萝卜、青菜末炒熟，然后放入煮熟的挂面，炒匀，即可。

营养功效：此道菜富含碳水化合物与优质动物蛋白质。

双味蒸蛋

原料：鸡蛋 2 个，胡萝卜 40 克，西红柿 60 克。

做法：①鸡蛋磕入碗中，打成蛋液。②西红柿洗净，切小块；胡萝卜洗净去皮，切成小块，同榨成泥，倒入蛋液中，搅拌均匀。③将拌匀的蛋液放入蒸锅，蒸 10~15 分钟，即可。

营养功效：这道蒸蛋能够让宝宝获得卵磷脂和多种维生素。

学龄前(3~6岁)

这一阶段的孩子因头、躯干、四肢生长的速度不同,导致身体各部位比例变化比较大,其中,长骨(四肢)发育得比较快。因而,父母需持续关注孩子的成长,尤其在饮食方面,为孩子的成长"保驾护航"。

标准身高

学龄前男孩、女孩标准身高如下表所示。

学龄前男孩标准身高表

年龄	身高/厘米		
	− 2SD	中位数	+2SD
3.5 岁	93.0	100.6	108.6
4 岁	96.3	104.1	112.3
4.5 岁	99.5	107.7	116.2
5 岁	102.8	111.3	120.1
5.5 岁	105.9	114.7	123.8
6 岁	108.6	117.7	127.2

学龄前女孩标准身高表

年龄	身高/厘米		
	− 2SD	中位数	+2SD
3.5 岁	91.9	99.4	107.2
4 岁	95.4	103.1	111.1
4.5 岁	98.7	106.7	115.2
5 岁	101.8	110.2	118.9
5.5 岁	104.9	113.5	122.6
6 岁	107.6	116.6	126.0

影响学龄前儿童长高的主要因素

睡眠

睡眠好才能促进生长激素的分泌,才能让肌肉更加放松,更利于骨骼生长。另外,睡眠好还能让孩子第二天体力更加充沛,食欲更好,营养更充分,也就更利于孩子长高,从而形成良性循环。因此,父母应培养孩子养成良好的睡眠习惯:晚上按时睡觉,形成固定生物钟;午饭后半小时休息,但不宜时间过长等。需要注意的是,不要让孩子睡太软的床,否则会影响其骨骼发育。

宝宝睡眠充足、质量高
还有助于提升记忆力。

运动

大量研究显示，有运动习惯的孩子普遍比不运动的孩子要高，而且运动后孩子因比较疲惫，他们的睡眠质量也会相应提升，这样可以促进生长激素的分泌，进而促进孩子长高。另外，运动除了让孩子长高外，还能促进体内血液循环，让骨骼获得更多的养料，提升孩子的骨骼质量，让孩子更加壮实。

需要注意的是，这一阶段的孩子还很小，运动的时间、强度、方式需适合孩子，不要超量、超时运动。另外，父母可以多带孩子参加户外运动，多晒太阳。

除此之外，父母也可以按摩孩子的身体穴位，促进骨骼生长。

这样吃促长高

学龄前孩子处在骨骼生长的储备期，所以获取丰富的营养仍然是非常重要的，父母只有提供全面、足够的营养，才能为孩子长高奠定坚实的基础。需要注意的是，此时应培养孩子不偏食、不厌食的好习惯，这样可以有效避免因营养不全面导致的发育迟缓、身材矮小。另外，不要摄入过多的糖，否则会影响小孩牙齿健康发育。

对于不喜欢的蔬菜，也要试着让孩子接纳，不偏食、不挑食才能身体好，长得高，头脑更聪明。

长高食谱

　　学龄前孩子的营养应当以谷类为主,蛋白质为辅,并适当补充脂肪类的食物。需要注意的是,脂肪类食物不能补充过多,否则会造成肥胖,加重身体负担,影响孩子身高的增长。

扫一扫,看视频

苦瓜煎蛋饼

原料:苦瓜 80 克,鸡蛋 2 个,面粉、香菜叶、盐各适量。

做法:①苦瓜去子,洗净,切碎;鸡蛋磕入碗中,加盐打散,加苦瓜碎、面粉拌匀。②油锅烧热,倒入苦瓜面糊,摊成饼状,煎至两面金黄,盛出凉凉,放香菜点缀,即可。

营养功效:苦瓜具有清热泻火、健脾开胃的功效。

清炒蚕豆

原料:蚕豆 150 克,葱、盐各适量。

做法:①葱切末,油锅烧至八成热时,放入葱末。②爆香葱末后放入蚕豆,大火翻炒,加水焖煮。③待蚕豆软后,加盐调味即可。

营养功效:蚕豆中含有的胆碱具有增强孩子记忆力的作用。

疙瘩汤

原料:面粉、西红柿各 80 克,鸡蛋 2 个,香菜、鸡汤、盐各适量。

做法:①将鸡蛋搅成蛋液。②西红柿洗净,切成块。③面粉中加水,搅成面疙瘩。④油锅烧热,放入西红柿块翻炒,倒入鸡汤烧开,放入面疙瘩煮熟,淋入蛋液,煮沸,加盐拌匀,放洗净的香菜点缀,即可。

营养功效:补充碳水化合物。

学龄前骨骼特点

这一时期的孩子关节面软骨较厚，关节囊、韧带的伸展性大，但关节牢固性比较差，比较脆弱，在外力作用下容易脱位，易受到伤害，父母需要多加防护。

孩子运动时出现扭伤要重视。

▶▶ 杂粮水果饭团 ◀◀

原料：香蕉 100 克，火龙果 200 克，紫米、红豆、糙米各 30 克。

做法：①紫米、红豆、糙米洗净，泡 1 小时后放入电饭锅中加水煮熟。②香蕉、火龙果剥皮，切块。③将煮好的饭盛出放在碗中，放入切好的香蕉块、火龙果块，捏成饭团，即可。

营养功效：水果富含维生素；杂粮能为孩子提供膳食纤维。

▶▶ 鸡肉炒藕丁 ◀◀

原料：鸡肉 100 克，莲藕 200 克，红甜椒、黄甜椒、青椒各 25 克，盐适量。

做法：①鸡肉洗净，切丁；三种椒全部洗净，切丁。②莲藕洗净，去皮，切丁。③油锅烧热，放入三种椒丁，炒出香味后放入鸡肉丁和藕丁，炒熟后加盐调味，即可。

营养功效：此道菜富含蛋白质与铁，可防治孩子缺铁性贫血。

▶▶ 鸡肉拌南瓜 ◀◀

原料：鸡胸肉 100 克，南瓜 200 克，牛奶 80 毫升，盐适量。

做法：①鸡胸肉装入碗中，放盐，倒入水，拌匀；南瓜洗净，去皮，切块。②鸡胸肉、南瓜块放入蒸锅中，蒸熟，取出。③鸡胸肉撕成丝，倒入碗中，放入南瓜块，加牛奶，拌匀，即可。

营养功效：此菜含有蛋白质、钙，且口感清甜，孩子较喜欢。

法式薄饼

原料：

面粉 100 克，鸡蛋 2 个，时令蔬果、核桃粉、芝麻粉、葱末各适量。

做法：

①面粉中磕入鸡蛋，加入葱末、核桃粉与芝麻粉，加水调成糊状。

②在平底锅中刷些油，将糊摊成软、薄的饼，装盘，点缀时令蔬果，即可。

营养功效：这样搭配，能够为孩子提供所需营养、能量，促进孩子大脑组织细胞的代谢。

蛏子炒鸡蛋

原料：

鸡蛋 2 个，蛏子 100 克，葱花、料酒、盐各适量。

做法：

①蛏子放入盐水中，吐净泥沙后洗净。

②锅中倒水煮沸，放入蛏子，煮至壳开，捞出，去硬壳和黑线，取肉。

③鸡蛋磕入碗中，搅散备用。

④油锅烧热，倒入鸡蛋，炒至凝固，滑散成小块，再倒入蛏子肉同炒，加盐、料酒、葱花略炒即可。

营养功效：此菜含有孩子长高所需的多种营养素，如蛋白质、钙、锌等。

蒸茄泥

原料：

长茄子 200 克，芝麻酱、盐各适量。

做法：

①长茄子洗净，切成细条，隔水蒸 10 分钟左右，将蒸好的茄子去皮，捣成泥，备用。

②芝麻酱加适量盐，之后用温开水稀释，均匀浇在茄泥上，拌匀，即可。

营养功效：茄子含多种维生素及钙、磷、铁等矿物质；芝麻酱是高钙食物，对孩子骨骼发育有益。

虾仁豆腐

原料：

虾仁 100 克，豆腐丁 300 克，鸡蛋 1 个，水淀粉、香油、葱末、姜末、盐各适量。

做法：

①豆腐丁焯水沥干。

②取蛋清备用；虾仁放盐、水淀粉、蛋清上浆。

③葱末、姜末和水淀粉、香油一同调芡汁。

④虾仁炒熟，放豆腐丁同炒；出锅前倒芡汁，翻匀即可。

营养功效：虾仁含有丰富的蛋白质、硒，可促进孩子新陈代谢，维持其正常生理功能；豆腐含有丰富的钙，能促进孩子骨骼生长。

清炒空心菜

原料：

空心菜 200 克，葱末、蒜末、香油、盐各适量。

做法：

①空心菜洗净，切成段，备用。

②锅中倒油，烧至七成热，放入葱末、蒜末炒香，再放入空心菜段，炒至断生，加香油、盐调味，即可。

营养功效：空心菜具有洁齿、防龋齿、除口臭的功效，且这道菜鲜嫩爽口，孩子比较爱吃。

红枣小米粥

原料：

红枣 20 克，小米 100 克，冰糖适量。

做法：

①小米洗净，浸泡 30 分钟。

②红枣洗净，去核，切成小碎块。

③锅中注入清水，烧开，倒入小米，大火煮沸，转小火熬煮至快熟时，放入红枣碎。

④煮至食材全熟，加冰糖略煮，即可。

营养功效：小米搭配红枣，具有补气养血、益胃健脾的功效，宝宝脾胃好了，吃饭就香。

蛏子葱油拌面

原料：

面条 200 克，黄瓜丝 20 克，蛏子 100 克，大葱半棵，醋、酱油、白糖、香油、炼好的葱油、盐各适量。

做法：

①蛏子放入盐水中，吐净泥沙后洗净，锅中倒水煮沸，放入蛏子，煮至壳开，捞出，去硬壳和黑线，取肉。

②洗净的大葱切末，与葱油、酱油、醋、白糖、盐拌匀，倒入蛏子肉。

③锅中倒水，煮沸，放入面条煮熟，捞出过凉水，沥干，放入碗中，将黄瓜丝、蛏子肉放入面条中，拌匀即可。

营养功效：此面不仅能够为宝宝提供碳水化合物，还能够为宝宝提供钙、维生素等营养素。

虾丸韭菜汤

原料：

鲜虾 200 克，鸡蛋 1 个，韭菜末、淀粉、盐各适量。

做法：

①鸡蛋磕入碗中，分开蛋清、蛋黄，装入两个碗中。

②鲜虾洗净，去头、壳、虾线，剁成蓉，放入装有蛋清的碗中，加入淀粉，搅成糊状备用。

③打散蛋黄，之后放入油锅，摊成鸡蛋饼，切丝，待用。

④锅中放适量清水，水烧开后，用小勺舀虾糊氽成虾丸，放入蛋皮丝，煮沸后，放韭菜末、盐略煮，即可。

营养功效：鲜虾含有优质蛋白质，能提升孩子的免疫力；韭菜中含有的膳食纤维可有效促进肠道蠕动，帮助孩子消化。

学龄期(6~10岁)

学龄期孩子的骨骼不再像婴儿期、幼儿期增长得那么快，开始进入一个增长相对平稳的阶段，平均每年会增长 5~7 厘米。这一时期父母应特别注意孩子的坐、立、行等姿势，不要让他们养成不良习惯，影响骨骼发育。

标准身高

学龄期男孩和女孩标准身高如下表所示。

学龄期男孩标准身高表

年龄	身高 / 厘米		
	− 2SD	中位数	+2SD
7 岁	114.0	124.0	134.3
8 岁	119.3	130.0	141.1
9 岁	123.9	135.4	147.2
10 岁	127.9	140.2	152.7

学龄期女孩标准身高表

年龄	身高 / 厘米		
	− 2SD	中位数	+2SD
7 岁	112.7	122.5	132.7
8 岁	117.9	128.5	139.4
9 岁	122.6	134.1	145.8
10 岁	127.6	140.1	152.8

影响学龄期儿童长高的主要因素

睡眠

这一阶段孩子进入新的集体，开始了学校生活，逐渐接触各种新奇的事物，这难免会让孩子白天过于兴奋、激动，影响晚上入睡。父母需要为孩子提供适合睡觉的氛围(选择适合的床垫、枕头，听些轻音乐等)，让孩子逐渐放松心情；也可以增加睡眠的仪式感，如睡前洗澡、刷牙、上卫生间，不断给孩子强化要睡觉的信号，形成条件反射。这样才能够让孩子获得好的睡眠质量，提升孩子记忆力，减轻孩子学习负担。

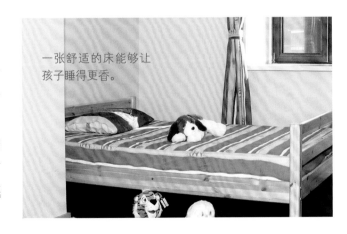

一张舒适的床能够让孩子睡得更香。

运动

适当的运动能够让孩子增强体质，使精力变得更加充沛，上课时的注意力也能够更加集中，让孩子更好地学习。这一阶段孩子的学习时间增加，会占用户外运动的时间，减少晒太阳的时间，而这会阻碍体内维生素 D 的合成，进而影响钙的吸收，最终影响孩子的身高增长。因此，父母应让孩子养成运动习惯，多在周末带孩子进行户外运动。与此同时，也要注意不要让孩子运动过量，避免造成运动损伤。

这样吃促长高

学龄期孩子虽然骨骼生长进入了相对平稳增长的阶段，但因有了学习的压力，活动量也变大。所以父母仍然需要为孩子提供全面、丰富的营养，特别是早餐，一定要做到营养全面、品类丰富。这一时期的孩子最好吃一些含钙比较高，以及富含维生素 D 的食物，比如，海鱼、牛奶、猪肉、土豆、苋菜等，这样才能为青春期骨骼迅速生长奠定坚实的基础。

需要注意的是，父母为孩子提供的晚餐最好清淡、好消化一些，以防止孩子消化不良，影响第二天早上的食欲。

多到户外运动，可增强体质、促进维生素 D 的合成。

长高食谱

　　这一阶段主要是为青春期骨骼的快速生长奠定基础，所以父母要为孩子做一些含钙、维生素 D 高的饭菜，如冬瓜羊肉汤、虾仁四季豆等。

扫一扫，看视频

冬瓜羊肉汤

原料：羊肉 120 克，冬瓜 100 克，高汤、胡椒粉、盐各适量。

做法：①冬瓜洗净，去皮、去瓤，切块；羊肉洗净，切片。②砂锅注入高汤烧开，放入冬瓜块，煮熟。③加入盐、胡椒粉拌匀。④放入羊肉，盖盖焖煮至熟透，即可。

营养功效：有助孩子长高，但汤内嘌呤、油脂含量偏高，食用需适量。

虾仁豌豆

原料：豌豆 200 克，干净虾仁 70 克，姜末、蒜末、葱末、料酒、水淀粉、盐各适量。

做法：①虾仁加水淀粉、盐，抓匀；豌豆焯熟。②油锅烧热，放入虾仁与姜、蒜、葱末，炒匀，放入豌豆、料酒，炒香，再向锅中加适量盐，炒匀调味，倒入水淀粉，拌炒均匀，即可。

营养功效：此菜富含蛋白质与铁。

板栗烧仔鸡

原料：熟板栗肉 80 克，仔鸡 1 只，蒜瓣、料酒、酱油、高汤、盐各适量。

做法：①仔鸡洗净，切块，放入酱油、料酒、盐腌制备用。②锅中加入高汤、酱油、鸡块、板栗，煮至食材熟烂。③转大火加入蒜瓣，焖煮 5 分钟，即可。

营养功效：此菜富含蛋白质与维生素。

学龄期骨骼特点

学龄期，孩子的骨骼比较柔软且富有弹性，韧性也比较好，但易受外力影响，正确的坐立、写字与背书包姿势能够让孩子骨骼不变形，发育正常。

爸爸妈妈要从小培养好孩子站直、坐正等体态。

南瓜饼

原料：糯米粉 200 克，南瓜 100 克，红豆沙 40 克，白糖适量。

做法：①南瓜去子，微波炉加热十分钟。②取南瓜肉，加糯米粉、白糖和成面团。③红豆沙搓成球；面团分若干份，擀成皮，包入豆沙馅成饼坯，放入油锅煎熟即可。

营养功效：南瓜中含胡萝卜素，保护视力。

杂蔬鸡肉丁

原料：鸡胸肉丁 100 克，黄瓜、胡萝卜、红圆椒各 50 克，熟腰果、葱花、生抽、蚝油、淀粉、盐、料酒各适量。

做法：①碗中倒入生抽、蚝油、淀粉，调汁。②三种蔬菜洗净切丁。③油锅烧热，放入葱花煸香，放肉炒至变色，加入蔬菜丁与调好的汁，大火炒熟，加盐与熟腰果炒匀，即可。

营养功效：富含蛋白质、维生素。

豆皮素菜卷

原料：豆腐皮 300 克，干香菇 20 克，红椒 30 克，木耳、葱末、酱油、水淀粉、白糖、酱油、盐各适量。

做法：①干香菇泡发，木耳、红椒洗净，切丝。②三丝混合拌匀，卷入豆腐皮，切段，上锅蒸熟。③油锅烧热，爆香葱末，加酱油、白糖、盐、水烧开，用水淀粉勾芡，浇在豆皮卷上，即可。

营养功效：此菜营养丰富。

莲子玉米发糕

原料:

玉米粉 200 克, 莲子 20 克, 酵母 10 克, 小苏打粉适量。

做法:

①莲子洗净, 泡软, 备用。

②将玉米粉放入盆中, 加入温水调匀的酵母水, 搅拌均匀, 静置发酵好后, 加入适量小苏打粉, 稍醒一会儿, 点缀上莲子。

③将面坯放入蒸锅内, 用大火蒸至熟透, 凉凉切块, 即可。

营养功效: 玉米中的膳食纤维能够促进胃肠蠕动, 预防孩子便秘; 莲子具有助眠的功效。

鱼丸炖鲜蔬

原料:

鱼肉 300 克, 西蓝花、胡萝卜各 50 克, 姜片、胡椒粉、水淀粉、盐各适量。

做法:

①西蓝花洗净, 掰成小朵; 胡萝卜洗净, 切丁, 备用。

②鱼肉剁碎, 装入碗中, 加胡椒粉、盐, 顺一个方向搅至上劲, 倒入水淀粉, 搅拌均匀。

③锅中注水烧开, 将鱼肉泥捏成丸子状, 放入锅中, 煮至鱼丸浮在水面上, 捞出。

④另起锅, 注水烧热, 放入姜片、胡萝卜丁、西蓝花、盐, 调味, 放入鱼丸, 大火煮沸, 即可。

营养功效: 此道菜富含蛋白质与维生素等营养素。

冬瓜粥

原料：

大米 150 克，冬瓜 100 克。

做法：

①冬瓜洗净，去皮、去瓤，切成小丁，备用。

② 大米洗净，放入锅中加水，煮成粥，然后放入冬瓜丁，熬煮至熟烂，即可。

营养功效：冬瓜含有多种营养成分（蛋白质、维生素 C、钙、铁等），且钾盐含量高、钠盐含量低，具有利尿去火、清热解毒的功效。

牛奶草莓西米露

原料：

西米 100 克，牛奶 250 毫升，草莓 60 克，蜂蜜适量。

做法：

①将西米放入沸水当中，煮至中间剩下个小白点，关火闷 10 分钟左右。

②将牛奶加入闷好的西米中，然后放入冰箱冷藏 30 分钟左右。

③放入洗净切半的草莓，放入冷藏后的牛奶西米中，搅拌均匀，然后加入适量蜂蜜调味，即可。

营养功效：牛奶是孩子补充钙质的佳品；草莓可为孩子补充维生素；西米能够增强孩子皮肤弹性。

山药五彩虾仁

原料：

山药条、虾仁各 100 克，青椒丝、胡萝卜条各 50 克，料酒、水淀粉、白糖、香油、盐各适量。

做法：

①山药条、胡萝卜条焯水；虾仁洗净，加盐、白糖、料酒腌片刻。

②油锅烧热，放虾仁，炒至变色，放山药条、胡萝卜条、青椒丝。

③炒片刻后加入盐，倒入水淀粉，汤汁稍干后淋上香油即可。

营养功效：山药具有补脾养胃的功效；虾仁含有丰富的蛋白质、钙、镁，搭配青椒、胡萝卜，营养更丰富。

红烧狮子头

原料：

猪五花肉 150 克，荸荠 60 克，高汤、姜片、白糖、酱油、水淀粉、盐各适量。

做法：

①荸荠去皮，洗净，切碎；猪五花肉洗净，剁成碎末，然后将两者混合，加水淀粉、盐，搅拌均匀，做成肉丸。

②油锅烧热，将肉丸放入油中，炸至表面金黄，盛出。

③另起锅，加入姜片、肉丸、高汤炖煮，加酱油、白糖、盐调味，小火煮至汁浓稠、食材熟透，用水淀粉勾芡，即可。

营养功效：此道菜可为孩子补充所需维生素与蛋白质，口感醇香味浓，可增加孩子食欲。

上汤娃娃菜

原料：

娃娃菜 100 克，姜片、鸡汤、盐各适量。

做法：

①娃娃菜洗净，切段。

②油锅烧热，爆香姜片，加鸡汤煮开，下娃娃菜段煮熟，加盐调味，挑除姜片，即可。

营养功效：娃娃菜含有维生素 C、胡萝卜素、B 族维生素等营养成分，具有清热解毒、养胃生津的功效，搭配鸡汤食用，营养更加丰富。

蛏子炖肉

原料：

五花肉 50 克，豆腐 200 克，蛏子 100 克，酸菜 20 克，白糖、盐各适量。

做法：

①豆腐洗净，切条；酸菜洗净后沥干，切段备用。

②洗净的五花肉切片；蛏子洗净，沸水汆烫后沥干。

③油锅烧热，倒入豆腐条，两面煎黄。

④另起油锅，爆香姜片，加入五花肉片炒香，然后放入豆腐条、蛏子、酸菜段，加水炖煮 15 分钟左右，加白糖、盐调味，即可。

营养功效：蛏子含较多矿物质、维生素，适当食用可健脑益智，对海鲜过敏者慎食；豆腐能为孩子补充钙质。

青春期(10~18岁)

　　青春期是人体生长发育的最后一个高峰期,特别是骨骼的生长,因此,这一时期的身高增长对孩子最终身高的影响是非常大的。如果错过了这一生长期,孩子的骨骺就会完全闭合,想要再长高就很难了。

　　另外,进入青春期的孩子在心理和生理上都会发生较大变化,他们一时间会有手足无措的感觉。在这种情况下,父母不仅需要为孩子提供所需的营养,还需要关注孩子生理、心理方面的变化与问题,为他们提供有力支持。

标准身高

　　青春期男孩与女孩标准身高如下表所示。

青春期男孩标准身高表

年龄	身高 / 厘米		
	− 2SD	中位数	+2SD
11 岁	132.1	145.3	158.9
12 岁	137.2	151.9	166.9
13 岁	144.0	159.5	175.1
14 岁	151.5	165.9	180.2
15 岁	156.7	169.8	182.8
16 岁	159.1	171.6	184.0
17 岁	160.1	172.3	184.5
18 岁	160.5	172.7	184.7

青春期女孩标准身高表

年龄	身高 / 厘米		
	− 2SD	中位数	+2SD
11 岁	133.4	146.6	160.0
12 岁	139.5	152.4	165.3
13 岁	144.2	156.3	168.3
14 岁	147.2	158.6	169.9
15 岁	148.8	159.8	170.8
16 岁	149.2	160.1	171.0
17 岁	149.5	160.3	171.0
18 岁	149.8	160.6	171.3

影响青春期孩子长高的主要因素

睡眠

　　随着课业负担变重,孩子的睡眠时间被压缩得厉害,但同时孩子进入了青春期这一生长高峰期,睡眠又是如此重要。在这种情况下,父母需要尽量保证孩子的睡眠时间,但更重要的是让孩子有优质的睡眠质量。

只有这样,才能让孩子第二天精力充沛地学习,才能让孩子不错过长高的最后一个关键期。

　　需要注意的是,一些家长认为周一到周五孩子睡不够,可以让他们周末补觉,实际上这是徒劳无用的。只有保证每一天的睡眠时间与质量,才能够让孩子学习、身体及大脑发育有保障。

运动

进入青春期以后，孩子似乎有了一种"精力无处释放"的感觉，而运动则是一种很好的释放渠道。除此之外，运动还能改善睡眠质量，促进生长激素分泌，促进血液循环，增加骨的血液供应，改善骨骼质量，让孩子长得更高。运动过后孩子体内还能产生足量的内啡肽，让孩子感到更加愉悦。但父母需要叮嘱孩子运动前应热身，防止拉伤，注意不要运动过量。比如，孩子平时没有时间，周六、周日整天都在篮球场度过，这种情况一定要杜绝。

心理

进入青春期后，父母会有一种孩子跟自己渐渐"疏远"的感觉，孩子"心事"好像变多了，经常出现情绪波动，还喜欢和父母对着干。实际上，这是因为激素的分泌，导致孩子对生理上产生的各种变化一时无法接受，甚至会感到惶恐不安。此时，父母更需要密切关注孩子的心理变化，做到早发现、早疏导，即建立顺畅的沟通渠道，不给孩子乱贴标签，给予孩子充分的信任感，了解孩子真实的内心想法。这样才能给孩子最可靠、贴切的建议，才能避免孩子出现心因性矮小。

这样吃促长高

到了青春期，孩子进入了骨骼快速生长的阶段，且学业压力变得越来越重，因此，家长需要为孩子提供营养全面的食物，这样才不会让孩子错过长高的最后一个关键时期。但是不要让孩子摄入过量的滋补品或者高脂肪食品，避免骨骺线提前闭合。

需要注意的是，因青春期男孩和女孩分别产生了生理方面的差异，心理方面也随之产生差异，家长要时刻关注孩子的变化，加以正确引导。

食材丰富，营养才可能全面、均衡。

长高食谱

青春期的女孩可吃含高蛋白、适量脂肪及维生素的食物。男孩可多吃脂肪类食物，但每天的摄入量不可超过淀粉食物总量，另外，还应适当增加蛋白质、维生素、膳食纤维的摄入量。

扫一扫，看视频

海带黄豆猪蹄汤

原料：猪蹄块 300 克，水发黄豆 50 克，海带片 40 克，姜片 20 克，料酒、白醋、胡椒粉、盐各适量。

做法：①砂锅注水，放入姜片、黄豆、猪蹄块，煮沸。②放入海带片，淋入料酒、白醋，大火煮沸。③改小火煮 1 小时，至食材全部熟透，加盐，撒胡椒粉搅拌，煮至汤汁入味，即可。

营养功效：富含蛋白质与碘。

凉拌豌豆苗

原料：豌豆苗 200 克，红甜椒 40 克，蒜末、香油、盐各适量。

做法：①红甜椒洗净，切成丝；豌豆苗洗净。②锅中放水烧开，加入豌豆苗，煮至断生，捞出，沥水装入大碗中。③碗中加入蒜末、红甜椒丝，最后放盐、香油，拌匀，即可。

营养功效：豌豆苗具有助消化、利尿的作用。

彩椒拌腐竹

原料：水发腐竹 200 克，彩椒 70 克，蒜末、葱花、生抽、香油、盐各适量。

做法：①彩椒洗净，切块；水发腐竹洗净，切段。②锅中放水烧开，加油、盐，倒入腐竹段、彩椒块，拌匀，煮至全部食材熟透，捞出放入大碗中。③大碗中加入葱花、蒜末、适量盐，再淋入生抽、香油，拌匀，即可。

营养功效：腐竹含有丰富的钙质。

"飞速"成长的骨骼

青春期的孩子长得飞快，父母在开心之余，需要关注孩子有没有遭遇"生长痛"（最典型特征是孩子晚上睡觉时关节周围出现疼痛感，持续或者隔一段时间出现），最好的解决方法就是补充钙与维生素D。另外，家长可以给予适当按摩，但要注意方法与力度。

生长痛易使孩子夜里疼醒，睡前按摩关节可有效预防。

韭黄炒蛏子

原料：蛏子200克，韭黄250克，胡椒粉、蚝油、料酒、盐各适量。

做法：①蛏子放入盐水中，吐净泥沙后洗净。②蛏子放入沸水锅中，煮至壳开，捞出，去硬壳和黑线，取肉。③韭黄洗净，切段。④油锅烧热，倒入韭黄煸炒至软，放入蛏子肉、料酒、胡椒粉、盐、蚝油，炒匀，装盘即可。

营养功效：增强肠蠕动，预防便秘。

鳕鱼香菇菜粥

原料：鳕鱼100克，鲜香菇50克，菠菜30克，大米50克。

做法：①鲜香菇与菠菜洗净，切碎。②鳕鱼洗净，去刺，蒸熟，碾成泥。③大米洗净，放入锅中，加水煮成粥，加入香菇碎煮10分钟，再加入鳕鱼泥、菠菜碎，煮沸，即可。

营养功效：鳕鱼中含有的DHA能够促进孩子大脑发育。

水果蛋糕

原料：面粉100克，鸡蛋2个，苹果、梨各100克，黄油、白糖各适量。

做法：①苹果、梨洗净，去皮、去核，切碎。②鸡蛋磕入碗中，打散，加入黄油、白糖，拌至黄油融化。③将面粉加到蛋液中，搅成面糊，加入苹果、梨碎，上锅蒸熟，即可。

营养功效：口感香甜，且富含蛋白质、维生素，营养也较高。

葱爆蛏子

原料:

蛏子 300 克, 葱段、姜丝、蒜片、酱油、料酒、胡椒粉、白糖、盐各适量。

做法:

①蛏子放入盐水中, 吐净泥沙后洗净。

②油锅烧热, 下葱段、姜丝、蒜片爆香。

③再放入蛏子大火快炒, 边炒边加料酒、白糖、盐, 炒至蛏子壳开, 撒少许胡椒粉, 翻炒几下即可。

营养功效: 蛏子中含有成长所需的钙、蛋白质, 且此菜口感醇香, 宝宝爱吃。

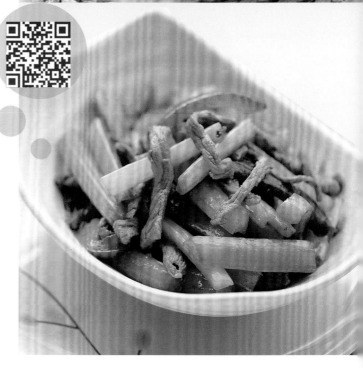

西芹炒肉丝

原料:

猪肉 200 克, 西芹 80 克, 红甜椒 20 克, 料酒、水淀粉、盐各适量。

做法:

①猪肉洗净, 切丝, 加入料酒、水淀粉、油、盐, 搅拌均匀, 腌 10 分钟左右, 至肉丝入味。

②西芹洗净, 斜刀切段; 红甜椒洗净, 去子, 切丝。

③锅中注入清水, 烧开, 加入油、盐, 焯煮红甜椒、西芹至断生, 捞出, 沥干水分, 待用。

④油锅烧热, 倒入肉丝, 炒至变色, 再倒入红甜椒、西芹, 加入水淀粉、盐, 翻炒均匀, 即可。

营养功效: 西芹富含膳食纤维, 能促进肠道蠕动, 另外还具有平肝清热、健胃、利尿等功效。

秋葵炒香干

原料：

秋葵 100 克，香干 200 克，蒜末、白醋、盐各适量。

做法：

①秋葵洗净，切成短段，放入沸水锅中焯烫 2 分钟，捞出，沥干水分。

②香干切条，放入开水中焯烫片刻，捞出，沥干。

③油锅烧热，放入蒜末爆香，倒入秋葵段与香干条，翻炒均匀，淋入白醋、盐，翻炒 2 分钟，即可。

营养功效：秋葵能够为孩子补充所需维生素；香干能够为孩子补充钙、铁等营养素。

小鸡炖香菇

原料：

童子鸡 300 克，香菇 60 克，葱段、姜片、酱油、料酒、盐各适量。

做法：

①童子鸡收拾干净，斩成小块；香菇洗净，划十字花刀，备用。

②油锅烧热，放入鸡块翻炒至鸡肉变色，放入姜片、葱段、酱油、料酒、盐，加入适量水，待水煮沸后，放入香菇，中火煮至食材熟烂，即可。

营养功效：鸡肉、香菇含有丰富的蛋白质、钙等营养物质，可增强孩子免疫力，且口感鲜嫩、爽滑，颇受孩子喜爱。

嘎鱼炖茄子

原料:

嘎鱼2条,长茄子100克,葱段、姜丝、黄酱、白糖、盐各适量。

做法:

①长茄子洗净,切成条;嘎鱼收拾干净,备用。

②油锅烧热,下嘎鱼略煎,下葱段、姜丝炒香,放入黄酱。

③锅中再加入适量水、白糖略煮,放入茄条,炖煮至食材熟透后,加盐调味,即可。

营养功效:嘎鱼肉质鲜嫩,易于消化;茄子皮含有丰富的维生素P,可增强毛细血管的弹性。

炒豆皮

原料:

豆腐皮120克,胡萝卜、香菇各50克,姜片、盐各适量。

做法:

①豆腐皮洗净,切片;胡萝卜洗净去皮,切丝;香菇洗净,切块,备用。

②油锅烧热,爆香姜片,再放入豆腐皮、胡萝卜丝、香菇块,翻炒至食材熟透,放盐调味,即可。

营养功效:豆腐皮含有丰富的蛋白质,搭配香菇、胡萝卜食用,可为孩子提供更丰富、全面的营养。

西葫芦炒虾皮

原料：

西葫芦 200 克，虾皮、盐、葱花适量。

做法：

①西葫芦洗净，切片；虾皮洗净，沥干备用。

②油锅烧热，放入葱花、虾皮炒出香味，下入西葫芦片翻炒至熟透，加盐调味，即可。

营养功效：此菜中富含钙质与维生素，适合青春期的孩子食用。

蛋包饭

原料：

米饭 100 克，鸡蛋 3 个，瘦牛肉末、玉米粒、豌豆各 40 克，洋葱丁、面粉、盐各适量。

做法：

①面粉中打入鸡蛋，再加适量水，搅拌成面糊，备用。

②锅中加水煮沸，放入豌豆、玉米粒焯烫后捞出，备用。

③锅中加油烧热，放入瘦牛肉末、玉米粒、豌豆、洋葱丁、盐煸炒，放入米饭，翻炒均匀，盛出，待用。

④油锅烧热，将面糊摊成蛋皮，放上炒饭，再用蛋皮包住炒饭，用刀切开蛋皮，即可。

营养功效：蛋包饭食材丰富、营养全面，且颜色丰富多彩，可增加孩子食欲。

肉末豆角

原料:

豆角、猪肉末各100克,姜丝、葱末、料酒、盐各适量。

做法:

①豆角洗净,切段,备用。

②油锅烧热,放入葱末、姜丝炒香,倒入猪肉末炒散,淋入料酒,放入豆角段、盐及少许清水,炒至豆角段熟透,即可。

营养功效:猪肉搭配豆角,能够为孩子提供生长发育所需的蛋白质、胡萝卜素与必需的脂肪酸。

紫菜鸡蛋汤

原料:

紫菜50克,鸡蛋1个,虾皮、香菜、葱花、姜末、香油、盐各适量。

做法:

①虾皮、紫菜均洗净,紫菜撕小块;鸡蛋打散;香菜洗净,切小段。

②姜末下油锅略炸,放虾皮略炒,加适量水烧沸,淋入鸡蛋液,放紫菜、香菜、盐、葱末、香油即可。

营养功效:紫菜含有丰富的碘元素;鸡蛋含有丰富的蛋白质等,两者搭配能够为孩子提供多种营养。

海带炖肉

原料：

猪肉 100 克，鲜海带 50 克，盐适量。

做法：

①猪肉洗净，切块，放入开水中汆烫后捞出。

②海带洗净，切丝。

③油锅烧热，放入猪肉略炒，加水，大火煮沸，转小火炖至快熟时，放入海带，再炖 10 分钟，加盐调味，即可。

营养功效：此菜含有丰富的蛋白质、脂肪、维生素 A 以及 B 族维生素。

香菇烧豆腐

原料：

豆腐 100 克，干香菇 20 克，盐适量。

做法：

①干香菇洗净，泡发，切片，备用。

②豆腐洗净，切块，放入开水中焯去豆腥味，捞出，备用。

③油锅烧热，放入香菇片，翻炒至熟，再放入豆腐块，加水煮熟，最后放入盐调味，即可。

营养功效：香菇含有较多的钙、锌、铁等矿物质，可为孩子长高提供所需营养素；豆腐中含有的钙质同样能够为孩子长高添助力。

第四章
长高不能光靠补钙

孩子想要长得高，补钙是必不可少的，但只补钙是远远不够的，睡眠质量的高低、营养是否全面、孩子过胖或过瘦等都会影响孩子的身高。因此，父母一定要在适度补充钙质的基础上，让孩子拥有优良的睡眠、全面的营养和匀称的体态。只有这样，才能够让孩子长到理想的身高。

睡眠好，为孩子长高加动力

　　身高不仅与遗传、营养补充相关，与睡眠关系也很紧密。睡眠时间充足且质量好，有助于促进脑垂体分泌生长激素，促进孩子长高。孩子如果睡眠不好，可适当增加运动量及吃些助眠食物。

扫一扫，看视频

助眠食谱

平菇二米粥

原料：大米 40 克，小米 50 克，平菇 40 克。

做法：①平菇洗净，焯烫后撕片；大米、小米分别淘洗干净。②锅中加适量水，放入大米、小米，大火烧沸后，改小火煮至粥将成，加入平菇煮熟，即可。

营养功效：小米中的色氨酸能有效调节睡眠。

核桃仁爆鸡丁

原料：鸡肉丁 100 克，核桃仁 30 克，松子仁、枸杞子各 10 克，蛋清、姜末、水淀粉、鸡汤、盐各适量。

做法：①用姜末、水淀粉、鸡汤、盐调汁。②鸡肉丁用蛋清、水淀粉拌匀。③油锅烧热，放入鸡丁翻炒片刻，放料汁、核桃仁、松子仁、枸杞子，翻炒，即可。

营养功效：核桃有助儿童智力发育。

红枣枸杞牛奶汁

原料：红枣 50 克，枸杞子 10 克，牛奶 250 毫升。

做法：①红枣洗净，去核，切碎；枸杞子洗净，泡软，备用。②将红枣碎、枸杞子放入料理机中，加入牛奶，打成汁，倒出煮熟饮用，即可。

营养功效：牛奶可缓解孩子因缺钙导致的深度睡眠质量差的问题；红枣具有安神补脑的功效。

长高笔记

孩子睡眠质量高、时间足，生长激素就会分泌好，长高自然有保障。所以，一要保证孩子有足够的睡眠时间，二要帮助孩子养成规律的作息习惯。好的睡眠不但有助长高，还对孩子大脑发育有益。

充足的睡眠，对控制体重也是有益的。

牛奶炖花生

原料：花生粒 80 克，枸杞子 20 克，干银耳 15 克，牛奶 150 毫升，冰糖适量。

做法：①花生粒、枸杞子、银耳洗净，放入温水中浸泡。②锅中放入牛奶，加入枸杞子、花生粒、银耳、冰糖，煮至花生粒熟烂，即可。

营养功效：镇静安神、健脑益智，可为孩子带来安稳睡眠。

莲子糯米粥

原料：莲子 30 克，糯米 80 克，白糖适量。

做法：①糯米淘洗干净，用清水浸泡 2 小时。②莲子用清水洗净，用温水浸泡（不取莲子心，因其能清热、安神）。③锅中放莲子、糯米与适量清水，熬煮成粥，加适量白糖，即可。

营养功效：此粥具有补中益气、清心安神、健脾和胃的功效。

香蕉百合银耳汤

原料：银耳 50 克，鲜百合 80 克，香蕉 100 克。

做法：①银耳泡发，洗净，撕成小朵；百合瓣开，洗净，去老根；香蕉去皮，切片。②银耳放入锅中煮熟，再放入百合与香蕉片，中火煮 10 分钟，即可。

营养功效：可宁心安神、益气安眠。

桂圆红枣莲子粥

原料：

大米 100 克，桂圆肉 10 克，莲子 20 克，红枣 20 克，冰糖适量。

做法：

①莲子洗净；红枣洗净，去核，备用。

②大米洗净，浸泡在水中，备用。

③莲子、大米加适量的水，小火煮 40 分钟左右，加入桂圆肉、红枣再熬煮 15 分钟，加适量冰糖，即可。

营养功效：此粥具有补血安神、补养心脾的功效，此外还对记忆力减退、心悸等有比较好的疗效。

香蕉火龙果牛奶羹

原料：

香蕉 100 克，牛奶 250 毫升，新鲜火龙果 30 克。

做法：

①火龙果去皮，切成块，备用。

②香蕉剥去外皮，放入碗中碾成泥，备用。

③将牛奶、香蕉泥放入锅内，用小火慢煮 5 分钟，并不停搅拌，出锅时加入火龙果块，即可。

营养功效：香蕉中含有的钾对改善睡眠有益，搭配牛奶、火龙果，营养更加丰富，更适合处在生长期的孩子食用。

南瓜芝麻牛奶

原料:

南瓜 50 克，牛奶 200 毫升，芝麻、蜂蜜各适量。

做法:

①南瓜洗净，去皮、去瓤，切块，蒸熟；芝麻炒熟，待用。

②将南瓜块、芝麻一起放入搅拌机中，加牛奶，搅打均匀，饮用时加蜂蜜，即可。

营养功效：芝麻含有丰富的镁元素，可缓解孩子肌肉紧张，优化睡眠质量。

百合莲子桂花饮

原料:

百合 20 克，莲子 10 克，桂花蜜、冰糖各适量。

做法:

①百合洗净，掰开，备用。

②莲子放入水中浸泡 10 分钟后，捞出。

③将莲子放入锅中，加水煮开。

④加入百合瓣、冰糖，至冰糖融化，然后根据自己的喜好，添加适量桂花蜜，即可。

营养功效：百合含有具有催眠和镇静作用的成分，搭配桂花、莲子食用，口感香醇，更受孩子欢迎。

莴笋炒鸡蛋

原料：

莴笋 200 克，鸡蛋 2 个，葱花、盐各适量。

做法：

①鸡蛋磕入碗中，搅成蛋液，备用。

②莴笋去皮，洗净，切成片（建议用盐腌制 3 分钟左右，吃起来较脆），待用。

③油锅烧热，倒入蛋液炒熟，搅散后盛出，待用。

④锅中热油，爆香葱花，放入莴笋片翻炒片刻，倒入炒好的鸡蛋碎，炒至食材全熟，加盐调味，即可。

营养功效：莴笋具有增强食欲、促进胃肠蠕动的功效，可缓解孩子因积食、腹胀导致的入睡困难。

红小豆百合杏仁粥

原料：

大米 100 克，红小豆 80 克，百合瓣 20 克，甜杏仁 15 克，白糖适量。

做法：

①大米、红小豆、百合瓣、甜杏仁洗净，备用。

②锅中注入清水，放入红小豆，大火煮沸，转小火煮至半熟，加入大米继续煮。

③将百合瓣、杏仁与适量白糖倒入锅中，煮至食材熟烂，即可。

营养功效：百合、杏仁、红小豆均有安神、助眠的功效，搭配食用效果更佳。

小米桂圆粥

原料:

小米 100 克，桂圆 50 克，枸杞子 5 克，白糖适量。

做法:

①枸杞子洗净，浸泡 5 分钟；桂圆洗净去壳、去核，留桂圆肉；小米洗净，备用。

②将小米放入锅中，注水后大火煮沸，转小火煮 25 分钟。

③将桂圆肉放入锅中，煮沸，再放入枸杞子，最后放入白糖，搅拌均匀，即可。

营养功效：小米的安神功效与桂圆的滋阴功效，能够提升孩子的睡眠质量。

桂花糯米糖藕

原料:

莲藕 250 克，糯米 50 克，糖桂花 10 克，冰糖、红糖各 30 克。

做法:

①糯米倒入碗中，用清水浸泡 2 小时；莲藕洗净，去皮，将切去的根部留下备用。

②将泡好的糯米塞入藕中，再用根部堵上，用数根牙签固定，防止糯米掉出。

③将藕放入锅中，放入红糖、冰糖，加清水，大火煮沸，转小火煮 3 小时，捞出切块摆盘，淋上糖桂花，即可。

营养功效：莲藕含有的维生素 C 可缓解孩子夜间易醒的问题，提高孩子的睡眠质量。

别让体重压制孩子身高

　　随着生活条件越来越好，生活中的"小胖墩"越来越多，甚至一些小孩胖得都走不动路。医学上，对体重超过按身长计算的平均标准体重 20% 的儿童，称为小儿肥胖症患者。造成这种情况的原因很多，最主要的是饮食习惯不好，如一些孩子从来不喝水，渴了只喝可乐、雪碧等碳酸饮料，导致热量摄入过多；又如，一些孩子看见自己喜欢的食物就暴饮暴食，食之无度，导致某一类营养过剩；再如，一些孩子因睡得晚，睡前感到饿，父母又不舍得让孩子饿着就为孩子加餐，但吃完没有运动就睡觉，导致能量无法消耗，进而在体内转化为脂肪，使孩子变胖。

　　良好的饮食习惯与适当的运动是预防孩子肥胖、促进孩子长高比较有效的两种方法。

过胖的危害

　　过胖对人造成的危害有很多，对孩子来讲更是有很多弊端。肥胖从某种程度上来讲是一种隐性的营养不良，即孩子摄入热量过高，虽然看着胖，但因营养不均衡，导致有些营养素摄取不足。肥胖不仅会导致孩子长不高，还会导致孩子出现高血糖、高脂血症，增加孩子性早熟的概率。总而言之，对于处在生长期的孩子来讲，肥胖是有百害而无一利的。父母一定要多加注意，防止孩子过度肥胖。

社会普遍的审美取向还会导致肥胖孩子心里感到自卑。

适合过胖孩子的食谱

儿童减肥过程中可食用的食材

　　可选用低 GI（血糖指数）食物，诸如谷类（燕麦、糙米等），鸡蛋，豆制品等，或抗性淀粉含量较高的土豆等来代替主食；蔬菜类都可以食用，主要吃叶、茎、瓜果类蔬菜；水果类需限量食用；肉类可选择精瘦肉，应限量食用；乳类应限量食用或者选择脱脂乳类食用。

儿童减肥过程中应少食用的食材

　　油炸类主食，肥肉及油煎炸制品，奶油、黄油及其制品，硬坚果类食品（瓜子、花生、核桃等），糖果，甜食，饮料，动物性油脂应避免食用（或少食用），蛋类应少食用蛋黄。

　　需注意的是，父母应尽可能在家做饭给孩子吃，这样才能保证饮食的健康与营养的丰富。外面的食物为追求口感，通常都会选择高糖、高盐、高油的烹调方式，不利于控制体重，另外，餐馆的食材也很难保证新鲜。

黄瓜拌金针菇

原料：

黄瓜 200 克，金针菇 100 克，蒜末、芝麻酱、白糖、辣椒油、盐各适量。

做法：

①黄瓜洗净，切成丝；金针菇切除根部，洗净，备用。

②锅中加水烧开，倒入金针菇焯烫，至其断生，捞出，待用。

③取大碗，倒入黄瓜丝、金针菇，加上蒜末，搅拌均匀，再加入适量白糖、盐、辣椒油，淋上芝麻酱，拌匀，即可。

营养功效：金针菇热量低，可迅速让人产生饱腹感，是超重孩子的减肥佳品。

荔枝炒虾仁

原料：

虾仁 100 克，荔枝 50 克，鸡蛋 1 个，葱花、姜丝、水淀粉、盐各适量。

做法：

①鸡蛋磕入碗中，取蛋清；荔枝去皮、去核，洗净，切成丁，备用。

②虾仁洗净，切成丁，加鸡蛋清、水淀粉、盐，搅拌均匀。

③另拿一碗，放入水淀粉，再加少量盐，调成味汁。

④油锅烧至六成热，放入腌好的虾仁丁，炒散，再放入葱花、姜丝、荔枝丁，略微翻炒，烹入味汁，即可。

营养功效：此道菜热量低且营养丰富，在为孩子提供所需蛋白质、钙等营养素的同时，还可预防过度肥胖。

虾米白菜

原料：

虾米 20 克，白菜 200 克，葱段、姜片、酱油、白糖、料酒、盐各适量。

做法：

①白菜洗净，切片；虾米洗净，备用。

②锅中倒油烧热，放入葱段、姜片爆香，放入虾米翻炒，倒入少量白糖与料酒，翻炒均匀。

③放入白菜，炒至白菜变软，淋入少量酱油，继续翻炒，放入盐，翻炒均匀，即可。

营养功效：白菜含有丰富的膳食纤维，搭配虾米食用可促进孩子消化，预防肥胖。

凉拌海带豆腐丝

原料：

海带丝 200 克，豆腐丝 100 克，蒜、花椒、香油、盐各适量。

做法：

①海带丝洗净，捞出沥干。

②油锅烧热，炒香花椒后捞出，留油待用；蒜洗净拍碎，切末。

③海带丝、豆腐丝放入大碗中，倒入花椒油，放蒜末，加香油、盐调味，即可。

营养功效：此菜不仅热量低，且富含膳食纤维，可促进肠道蠕动，预防便秘。

芹菜香干炒肉丝

原料:

芹菜 100 克，香干 200 克，猪里脊 200 克，生抽、椒盐、淀粉、料酒、盐各适量。

做法:

①芹菜洗净，切段(不要叶子)；香干洗净，切段，备用。

②猪里脊洗净，切丝，加生抽、料酒、淀粉，撒上少许椒盐，腌制 10 分钟。

③锅中加油烧热，下肉丝炒至完全变色，然后依次倒入芹菜段、香干段，翻炒至食材熟透，最后，加适量盐翻炒调味，即可。

营养功效: 此道菜可促进胃肠蠕动，助消化。

凉拌菠菜

原料:

菠菜 200 克，蒜末、生抽、香油、盐各适量。

做法:

①菠菜择洗干净，放入沸水锅中，焯水 30 秒，捞出，切段，待用。

②将菠菜段放入大碗中，加入适量蒜末、香油、生抽、盐，搅拌均匀，即可。

营养功效: 菠菜除了能够保护视力之外，其含有的膳食纤维还具有促进肠道蠕动的作用，预防便秘，且热量较低。

杂粮粥

原料:

大米 150 克，薏米 60 克，绿豆 50 克，百合 25 克，白糖适量。

做法:

①百合洗净，掰成小瓣；大米、薏米、绿豆洗净，清水浸泡 1 小时左右，备用。

②将大米、薏米、绿豆放入清水锅中，大火煮沸，转小火煮至食材熟烂，加入百合稍煮，放入白糖搅匀，即可。

营养功效：同样量下，杂粮粥比精粮粥热量低，而且饱腹感强，有助孩子控制体重。

清蒸黄花鱼

原料:

黄花鱼 400 克，木耳、葱段、姜片、料酒、盐各适量。

做法:

①收拾好的黄花鱼洗净，在鱼身两侧划几刀，抹上盐，将姜片、木耳铺在黄花鱼上，淋上料酒，放入蒸锅中用大火蒸熟。

②倒掉腥水，拣去姜片，然后将葱段铺在黄花鱼上。

③锅中放油，烧至七成热，将烧热的油浇到黄花鱼上，即可。

营养功效：黄花鱼能为孩子提供所需蛋白质的同时，热量也不会过高，是营养又减肥的好食材。

一般都会选用黄瓤的红薯，颜色让孩子产生食欲。

炒红薯泥

原料：

红薯 300 克，白糖适量。

做法：

①红薯洗净，上锅蒸熟后，趁热去皮，捣成薯泥，加白糖调味备用。

②油锅烧热，倒入红薯泥，快速翻炒，待红薯泥炒至变色即可。

营养功效：红薯含有大量膳食纤维，能够刺激肠道通便排毒，起到预防肥胖的作用。

肉泥洋葱饼

原料：

洋葱 80 克，面粉 80 克，猪瘦肉 100 克，鸡蛋 2 个，葱末、水淀粉、姜汁、盐各适量。

做法：

①猪瘦肉洗净，剁成泥，加水淀粉、姜汁、盐，搅拌成肉馅，腌 10 分钟左右。

②鸡蛋磕入碗中，搅成蛋液，备用。

③洋葱洗净，切成末，同蛋液、葱末、面粉倒入肉馅中，搅拌成面糊。

④油锅烧热，倒入面糊，转小火摊至两面均熟透，即可。

营养功效：洋葱含有丰富的膳食纤维，能够促进肠道蠕动，且食用后能帮助燃烧体内多余脂肪。

猪肝拌菠菜

原料:

猪肝 40 克,菠菜 20 克,海米 10 克,香油、盐、醋、姜末、葱段、姜片、葱花、料酒各适量。

做法:

①猪肝洗净,放葱段、姜片、料酒煮熟,切成薄片;海米用温水浸泡;菠菜洗净,切段,焯烫。

②用盐、醋、香油兑成调味汁。

③将菠菜放在大碗内,放入猪肝片、海米、姜末,倒上调味汁、撒上葱花拌匀装盘即可。

营养功效:菠菜可提供良好的饱腹感,而且其含有的膳食纤维还能够帮助孩子消化。

小葱拌豆腐

原料:

豆腐 300 克,小葱 50 克,香油、醋、盐各适量。

做法:

①小葱择洗干净,切成葱花,备用。

②豆腐切成块,放入热水锅中焯去豆腥味,捞出沥干水分,待用。

③将切好的葱花放入豆腐中,放入适量醋、香油、盐,搅拌均匀,即可。

营养功效:此道菜热量低,但钙含量较高,且口感鲜嫩爽口,适合肥胖孩子食用。

老虎菜

原料:

黄瓜 100 克,青椒、尖椒各 50 克,香菜、大葱各 25 克,酱油、香油、醋、盐各适量。

做法:

①青椒、尖椒洗净,去子,切成丝;黄瓜、大葱洗净,切成丝;香菜洗净,切碎,备用。

②将香油、酱油、醋、盐放入碗中,再放入青椒丝、尖椒丝、黄瓜丝略腌,最后放入葱丝、香菜末,拌匀,即可。

营养功效:黄瓜含有丙二醇,可抑制糖类转化为脂肪;尖椒中含有的辣椒素能够促进脂肪代谢,防止体内脂肪积存。

芹菜炒牛肉

原料:

牛肉 150 克,芹菜 200 克,葱丝、姜末、淀粉、料酒、白糖、酱油、盐各适量。

做法:

①牛肉洗净,切丝,加入盐、料酒、酱油、淀粉、白糖、清水,搅拌均匀,腌制 15 分钟左右。

②芹菜洗净,去叶,切段,备用。

③锅中放油,倒入葱丝和姜末煸香,然后放入腌制好的牛肉丝和芹菜段,翻炒均匀,放入一点清水,加入白糖和盐,炒至食材熟透,即可。

营养功效:芹菜中的膳食纤维可通便;牛肉能为处在生长期的孩子提供所需蛋白质,增强孩子免疫力与活力。

体重过轻是孩子长高的"隐患"

　　社会风气导致整个社会"以瘦为美",尤其是进入青春期的女孩子,更是在意自己的身材。父母在遇到这种情况时必须及时给予正确的引导,告诉孩子只有健康的身体才是最美的,太瘦不仅不美,而且还会影响健康,就更不要提长高了。如果孩子对于减肥已经达到病态的程度,如照镜子时永远觉得自己胖,即使在别人看来已经非常瘦,她依旧不满意,长期不好好吃饭,最终患上神经性厌食症,甚至无法进食。此时,父母应当尽早带孩子去医院寻求专业的帮助。

　　良好的饮食习惯、充足的睡眠时间与适度的锻炼,能够预防孩子过瘦,让孩子的体重保持在正常的范围内,同时保证孩子长到理想身高。

过瘦的危害

　　过瘦的危害同样有很多,如果孩子过瘦,一定会营养不良,而这将导致孩子生长受挫,一年只能长高1厘米左右,对终身高造成不良影响;过瘦还会使处在青春期的女孩子停经。实际上,这是人体的一种自我保护机制,为了保护身体不会因营养不良而垮掉,因来月经是需要消耗大量能量的,但过瘦的身体无法提供所需能量;如果过瘦,身体抗病能力就弱,就会容易生病;过瘦还会影响美感,一个人太瘦的话实际上未必美,而且看上去也没有精气神,给人"病恹恹"的感觉。

父母对孩子心理上的支持也是很重要的。

适合过瘦孩子的食谱

增强孩子食欲是关键

　　多数身体消瘦的孩子食欲都较差,因此,在饮食方面应多准备一些可促进孩子食欲、补脾健胃的食物,如鸡蛋、牛奶、山药、猪肚、紫米、莲子等。与此同时,丰富每餐中食物的种类,让孩子获得所需的全部营养。

营养补充要适量

　　父母不要因孩子瘦,就毫无节制地为他们补充营养,这样不仅不能达到增肥的目的,还会让孩子脾胃负担加重,使孩子本就瘦弱的身体更加虚弱。

　　需要注意的是,让孩子参加适量的运动可增加其食欲与增强体质,坚持一段时间后一定会有效果的。另外,孩子的胃容量小,千万不要让零食影响了正餐。

山药奶肉羹

原料:

牛肉350克,山药100克,牛奶100毫升,姜片、葱花、盐各适量。

做法:

①牛肉洗净,切块,放入水中汆烫后捞出。

②山药洗净,去皮,切块。

③锅中放入牛肉块、山药块、姜片、水,盖盖煮沸,注入牛奶,加盐拌匀,盛出点缀葱花,即可。

营养功效:牛奶、牛肉含有生长期孩子所需的大量钙质、蛋白质;山药含有碳水化合物,可为孩子补充能量。此道羹口感清香,孩子比较喜爱。

葱爆羊肉

原料:

羊肉200克,大葱100克,白糖、蒜末、淀粉、生抽、料酒、花椒粉、香醋、盐各适量。

做法:

①羊肉切片放入碗中,加入适量淀粉、生抽、料酒、花椒粉,抓拌均匀,腌10分钟。

②大葱洗净,切丝,备用。

③油锅烧热,放入羊肉片爆炒,至肉变色,盛出,沥油。

④锅中留油,放入蒜末爆香,再放入葱丝,煸炒至大葱变软出香味,最后将炒好的羊肉放入锅中,加白糖、香醋、盐,翻炒均匀至入味,即可。

营养功效:葱特有的香气能促进孩子食欲。

西红柿炒鸡蛋

原料:

西红柿 150 克，鸡蛋 2 个，白糖、盐各适量。

做法:

①鸡蛋磕入碗中，加入少许盐和水，搅拌成蛋液；西红柿洗净，切成块，待用。

②油锅烧热，倒入蛋液，待凝固后搅散，盛出，待用。

③锅中留油，放入西红柿块，翻炒至出汁，然后放入白糖、鸡蛋块，翻炒收汁，最后加盐翻炒调味，即可。

营养功效：鸡蛋可为孩子提供骨骼发育所需的矿物质与蛋白质，且此道菜颜色鲜艳，可提升孩子食欲。

蒜醋黄瓜片

原料:

黄瓜 1 根，蒜末、醋、盐各适量。

做法:

①黄瓜洗净，切成薄片，用盐腌制 20 分钟左右。

②用冷水冲去黄瓜片表面的盐分，沥干。

③将盐、蒜末、醋放入黄瓜片中，搅拌均匀，即可。

营养功效：此菜清新爽口，能够提升宝宝的食欲。

也可加入适量牛肉片。

海参豆腐煲

原料:

海参 100 克, 猪肉末 50 克, 豆腐块 200 克, 胡萝卜片、黄瓜片、葱段、姜片、酱油、料酒、盐各适量。

做法:

①海参放沸水中加料酒、姜片焯水后冲凉切段; 另起一锅, 放入海参段, 加水、葱段、姜片、酱油、料酒、盐煮沸。

②猪肉末加盐、酱油、料酒做成丸子; 豆腐块放锅中与海参同煮, 放其他配料, 稍煮。

营养功效: 海参有助于增强机体免疫力。

罗宋汤

原料:

西红柿 150 克, 圆白菜 100 克, 胡萝卜 40 克, 番茄酱、黄油、奶油各适量。

做法:

①西红柿洗净, 切丁; 胡萝卜洗净, 去皮, 切丁; 圆白菜洗净, 切丝。

②锅中放入黄油, 中火加热, 等到黄油半融之后, 加入西红柿丁, 炒出香味, 加入番茄酱、奶油。

③锅中加水, 放入胡萝卜丁, 炖煮至胡萝卜丁绵软、汤汁浓稠, 加入圆白菜丝, 煮 10 分钟左右, 即可。

营养功效: 此汤具有增强抵抗力、健胃消食的功效, 且口感酸中带甜、鲜香爽口, 孩子较为喜爱。

菠萝虾仁炒饭

原料：

虾仁 80 克，豌豆、米饭、菠萝各 100 克，蒜末、盐、香油各适量。

做法：

①菠萝取果肉切小丁；虾仁洗净；豌豆洗净，入沸水中焯烫。

②油锅烧热，爆香蒜末，加入虾仁炒至八成熟，加豌豆、米饭翻炒后加入盐，放入菠萝丁快炒，加入香油调味。

营养功效：此炒饭含人体所需的多种营养成分，口感酸甜、嫩滑，能提升孩子的食欲。

咖喱牛肉饭

原料：

牛肉 200 克，土豆 100 克，米饭 1 碗，胡萝卜、洋葱各 40 克，葱花、料酒、咖喱粉、盐各适量。

做法：

①胡萝卜、土豆洗净去皮；洋葱洗净，全部切丁，备用。

②牛肉洗净，切小块，放入清水锅中，淋入料酒，烧开，撇去浮沫，捞出备用。

③锅中加油，放入洋葱丁，爆炒出香味后放入土豆丁、胡萝卜丁、牛肉块翻炒，再加开水、咖喱粉，煮沸后转小火，盖锅盖焖煮 30 分钟，待汤汁浓稠，加适量盐调味，盛出浇在米饭上，即可。

营养功效：补充能量，增强体力，且口感浓醇回甘。

糖醋排骨

原料:

猪小排 300 克,葱花、姜片、蒜末、料酒、酱油、香醋、白糖、盐各适量。

做法:

①碗中加料酒、酱油、香醋、白糖,调出糖醋汁。

②排骨块洗净,放入冷水锅中,加姜片、料酒,大火煮开,撇去浮沫,捞出。

③油锅烧热,倒入葱花、蒜末爆香后放排骨,煎至两面金黄,倒入调好的糖醋汁,翻炒均匀,再倒入适量开水,大火煮沸,转小火收汁,即可。

营养功效:此道菜富含蛋白质、脂肪、钙等营养成分,且口感酸甜可口,可增加孩子食欲。

土豆盐煎牛肉

原料:

牛肉 250 克,土豆 100 克,黄椒、红椒各 50 克,黄豆酱、盐各适量。

做法:

①牛肉洗净,切片,余水后捞出,加盐腌制 5 分钟。

②黄椒、红椒洗净,去子,切片;土豆洗净,去皮,切片。

③锅中放油烧热,倒入腌制好的肉片,煎至表面略硬,盛出,放入适量黄豆酱,腌制入味。

④油锅烧热,放入土豆片,翻炒至土豆片金黄,倒入黄椒片、红椒片和腌制好的肉片,继续翻炒至熟,即可。

营养功效:此道菜可为孩子补充所需的碳水化合物、蛋白质等营养成分,且口感香脆咸酥,比较下饭。

鸭块炖白菜

原料:

鸭肉块 200 克,白菜 150 克,姜片、料酒、盐各适量。

做法:

①鸭肉块洗净;白菜洗净,切段,备用。

②鸭肉块放入锅中,加水煮沸去血沫后,放入料酒、姜片,用小火炖至八成熟,然后加入白菜,一同煮至食材熟烂,加盐调味,即可。

营养功效:鸭肉易被人体消化吸收,搭配白菜食用,还有通利胃肠的作用,且口感鲜香,孩子较喜欢。

什锦面

原料:

面条 100 克,肉馅、豆腐丁、胡萝卜丝各 50 克,香菇丝 10 克,鸡蛋 1 个,海带丝 30 克,香油、鸡汤、盐各适量。

做法:

①洗净的海带丝放入鸡汤中熬煮。

②将肉馅加入鸡蛋后揉成小丸子,另起一锅开水汆熟,备用。

③将面条放入熬好的鸡汤中煮熟,放香菇丝、胡萝卜丝、豆腐丁和小丸子及盐、香油,拌匀,即可。

营养功效:此面食材丰富、营养全面,适合偏瘦的孩子食用。

红豆花生乳鸽汤

原料:

乳鸽1只,红豆、花生、桂圆肉各30克,盐适量。

做法:

①乳鸽收拾干净,斩块,在沸水中余烫一下,去血水,捞出,备用。

②砂锅中注入清水,烧开后放入乳鸽块、红豆、花生、桂圆肉,大火煮沸,转小火煲至食材熟烂,加盐调味,即可。

营养功效:此汤具有除湿热、利小便的功效,能在一定程度上增强孩子脾胃的消化吸收功能,且乳鸽肉细嫩鲜美,适合孩子食用。

竹荪煎鸡蛋

原料:

竹荪2朵,鸡蛋2个,芹菜、蚝油、盐各适量。

做法:

①芹菜洗净,取叶,切碎。

②竹荪洗净(如果是放较久的竹荪可放盐泡10分钟),切碎,放入大碗中。

③碗中磕入鸡蛋,放入芹菜叶、蚝油、盐,搅拌均匀。

④油锅烧热,放入竹荪糊糊,煎至两面金黄,即可。

营养功效:此菜含有丰富的营养物质,如钙、蛋白质等。

不挑食、不偏食，孩子自然长得高

虽然现在市场上有各种各样的营养品供家长选择，但是，最好还是食补。孩子们只有做到了不挑食、不偏食、不厌食、不暴饮暴食，才能够充足地获得所需的营养，在没有其他因素的干扰下，就不容易长得矮。

蔬菜、水果、肉类、主食应怎么吃

蔬菜：在条件允许的情况下，最好每天准备多种蔬菜，确保孩子能够摄入充分的营养，促使他们更好地成长。烹调方式可选择清炒、蒸、煮，因为这样可以最大限度地保留蔬菜中的营养。

水果：可以换着花样吃，每天换一种或两种，因每一种都有它特殊的用途，如草莓、红柚、红提等红色水果富含番茄红素，可助孩子增强免疫力；柑橘、橙子等橙色水果富含胡萝卜素，可帮助孩子缓解眼疲劳等。另外，父母应鼓励孩子吃水果，而不是榨果汁喝，因榨果汁会耗损大量营养，而且适当咀嚼有助于孩子牙齿发育。

肉类：一般来讲，鱼类、禽类是孩子的首选，也可少吃一些红肉。当然，最重要的还是多样化地摄入，如适当吃些动物内脏，预防孩子出现缺铁性贫血等。此外，尽量少吃腌制、烟熏类肉制品，烹饪方式建议多蒸煮，少烤炸。

主食：应遵循食物多样化的原则，现在很多家庭都只吃精米精面，其实吃一些粗细搭配的主食才是好的，可以为孩子及大人补充所需的膳食纤维。

葱、姜、蒜可提升菜的香味。

调味品该如何挑选

调味品看似不重要，实际上并非如此，很多生长发育不良的小朋友都存在一个相同的问题，那就是饮食成人化，即多糖、多盐、多油，除了影响他们长高之外，还会增加成年后患代谢性疾病（如高血压、脂肪肝、糖尿病等）的风险。因此，孩子需要有一个健康的饮食结构与习惯，帮助他们健康成长。

父母在做饭时应尽量少放盐、糖、油等调味品，尽量少准备腌菜、酱菜等腌制类食品。

孩子不爱吃蔬菜和肉怎么办

当然，有时孩子偏食、厌食也是情有可原的，但父母只是一味地指责，并不寻求解决方法的做法是不可取的。比如，一些孩子不喜欢吃蔬菜，那可能是因为孩子的咀嚼功能还不够发达，容易卡在喉咙口。这种情况下，父母可以将蔬菜切碎，使食物变得更易下咽。又如，一些孩子不爱吃肉，受不了肉的味道，甚至有些极端的一见肉就吐，父母可以将肉剁成肉末，混合蔬菜做成丸子、菜肉粥、汤等，让孩子不直接看到肉，从而慢慢适应肉的味道。

孩子爱吃"垃圾食品"怎么办

不得不承认，"垃圾食品"的味道一般都比较好，有时连大人都抗拒不了"诱惑"，何况是自制力比较弱的孩子呢，所以父母不应一味地责备孩子。但父母一定要让孩子明白，"垃圾食品"味道虽好，但其营养价值是很低的，而且为了便于保存，还会添加很多防腐剂，不利于健康。

当然，零食也不是一点都不能吃的，只要适度，不影响正常饮食，吃一些零食解馋也是可以的。给孩子吃零食时可以参考一些原则：

零食跟正餐最好间隔 1.5~2 小时，睡前 30 分钟不吃零食，微胖的孩子最好晚上 8 点之后就不要吃任何东西了。

选择一些天然、易消化、新鲜的零食，不吃腌制、高糖、高盐的食品。

尽量不吃果干、水果罐头、果脯，可吃一些新鲜的水果、蔬菜。

尽量少吃膨化食品（薯条、虾条等），油炸食品（炸串、炸薯片等）。

少吃红肉的腌制品，如腊肉、香肠等。

无论水果还是蔬菜，适量、全面食用最关键。

附录 食疗清单

感冒

梨粥

原料：梨 100 克，大米 100 克。

做法：①大米洗净，浸泡 1 小时。②梨洗净，去皮去核，切小丁，备用。③锅中放入大米、梨丁，注入适量清水，熬煮成粥，即可。

营养功效：梨具有润肺的功效，吃梨可在一定程度上改善呼吸系统与肺功能，缓解感冒症状。

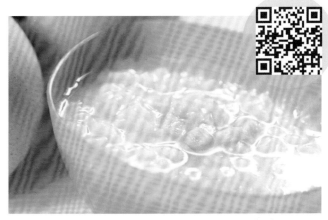

陈皮姜粥

原料：大米 100 克，陈皮、姜丝各 20 克。

做法：①大米洗净，浸泡 1 小时；陈皮洗净。②锅中放入大米、陈皮、姜丝，倒入清水，大火煮沸，转小火煮熟，即可。

营养功效：姜、陈皮均为辛温食物，能起到发汗解表、理肺通气的作用，可在一定程度上缓解风寒感冒。

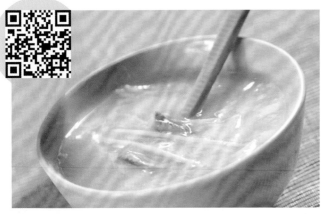

葱白粥

原料：大米 100 克，葱白 30 克。

做法：①大米洗净，浸泡 1 小时。②葱白切丝，备用。③锅中放入大米，倒入清水，煮至米将熟时放入葱白，煮熟，即可。

营养功效：葱白辛温，能够发汗解表，适合患风寒型感冒的孩子食用。

咳嗽

川贝炖梨

原料: 梨1个, 冰糖、川贝各适量。

做法: ①川贝敲碎成末, 备用。②梨洗净, 对半切开, 中间挖空, 放入冰糖、川贝末, 隔水蒸熟, 出锅之后用勺子刮泥或者切成小块, 即可。

营养功效: 此食疗方具有润肺、止咳、化痰的功效, 适合风热咳嗽的孩子食用。

糙米陈皮柿饼汤

原料: 糙米50克, 陈皮10克, 柿饼2个, 姜丝10克。

做法: ①陈皮、糙米、柿饼洗净, 柿饼切块。②铁锅烧热, 放入糙米迅速翻炒片刻, 转小火继续炒熟(应避免将糙米炒黑)。③将炒熟的糙米、陈皮、姜丝、柿饼一同放入锅中, 加适量清水, 大火煮至食材全熟, 即可。

营养功效: 此汤具有祛痰止咳的功效。

萝卜冰糖饮

原料: 白萝卜100克, 冰糖6克。

做法: ①白萝卜洗净, 去皮, 切块, 用榨汁机榨汁。②将白萝卜汁倒入锅中, 加热后放入冰糖, 搅拌至冰糖融化, 盛出, 稍微凉凉饮用, 即可。

营养功效: 冰糖具有润肺、止咳、去火的作用; 白萝卜性凉, 入肺胃经, 具有止咳化痰的功效(一般每天喂食1~2次)。

腹泻

白粥

原料：大米 100 克。

做法：①大米洗净，浸泡 1 个小时。②锅中倒入浸泡好的大米，加适量水，大火煮沸后，转小火熬煮至熟，即可。

营养功效：大米具有止泻、止渴的功效，适合腹泻孩子食用。

焦米糊

原料：大米 100 克，白糖适量。

做法：①大米洗净，待干后入干锅炒至焦黄，研磨成粉。②在焦米粉中加入适量水，熬煮成稀糊状，加白糖，即可。

营养功效：大米具有健脾养胃、补中益气、止渴的功效，炒焦后的米会部分炭化，具有吸附毒素与止泻的作用。

荔枝大米粥

原料：荔枝 150 克，大米 100 克，红枣 20 克。

做法：①大米洗净，浸泡 1 小时。②荔枝洗净，去皮、去核，取果肉；红枣洗净，去核，掰成两半，备用。③锅中放入大米，加清水，大火煮沸，转小火熬煮，待粥熟烂后放入荔枝肉与红枣，稍煮片刻，即可。

营养功效：荔枝具有止泻的作用，搭配大米食用可有更好的止泻效果。

便秘

红薯粥

原料: 红薯 100 克, 大米 100 克。

做法: ①红薯洗净, 去皮, 切块; 将大米淘洗干净, 用水浸泡 30 分钟。②在锅内放入水和所有食材, 置于火上, 先用大火煮开后, 再改用小火煮到粥浓稠即可。

营养功效: 红薯含有丰富的膳食纤维, 能够有效预防便秘。

川贝杏仁汤

原料: 川贝 5 克, 杏仁 3 克, 冰糖适量。

做法: ①川贝、杏仁洗净。②锅中放入川贝、杏仁, 加入适量清水, 小火煎煮 40 分钟, 放入冰糖稍煮即可。

营养功效: 此汤适用于外感咳嗽伴喘满、肠燥便秘等症。

苹果玉米蛋黄糊

原料: 玉米 100 克, 苹果 100 克, 鸡蛋 1 个。

做法: ①苹果洗净, 去皮和核, 切丁; 玉米粒洗净, 剁碎, 备用。②鸡蛋蒸熟, 取蛋黄, 压成泥, 待用。③将苹果丁、玉米碎放入清水锅中, 大火煮沸, 转小火煮 20 分钟, 出锅后放入蛋黄拌匀, 即可。

营养功效: 苹果含有丰富的膳食纤维, 能够帮助孩子顺畅排泄。

上火

西瓜皮粥

原料: 西瓜皮 100 克, 大米 100 克。

做法: ①大米洗净, 浸泡 30 分钟。②西瓜皮洗净, 削去表面硬皮, 切成小丁, 备用。③锅中倒入大米、西瓜皮丁及适量水, 大火煮开, 转小火熬煮成粥, 即可。

营养功效: 西瓜皮具有利尿消肿、清热解暑的功效, 其原本性凉, 熬煮成粥后性温, 适合孩子食用。

萝卜梨汁

原料: 梨 100 克, 萝卜 100 克。

做法: ①萝卜洗净, 去皮, 切丝; 梨洗净, 去皮、去核, 切片, 备用。②锅中倒入萝卜丝和适量水, 小火煮 10 分钟, 加梨片再煮 5 分钟, 取汤汁饮用, 即可。

营养功效: 萝卜与梨一起熬煮成汁, 具有良好的降火功效。

胡萝卜西瓜汁

原料: 胡萝卜 80 克, 西瓜瓤 200 克。

做法: ①胡萝卜洗净去皮, 切小块; 西瓜瓤去子, 切成小块, 备用。②将备好的食材放入榨汁机中榨汁, 即可。

营养功效: 西瓜性凉, 具有消暑解热的作用。